建筑工程计价与投资控制

主　编　毛燕红
副主编　孙秀伟

北京理工大学出版社
BEIJING INSTITUTE OF TECHNOLOGY PRESS

内 容 提 要

本书共分八章,内容包括:建设工程投资控制概述、建设工程投资构成、建设工程投资确定的依据、建设项目投资决策、建设工程设计阶段投资控制、建设工程施工招标投标阶段投资控制、建设工程施工阶段投资控制、建设工程竣工决算。书中包括大量的案例,注重理论与实践的结合。

本书可作为高等院校土建类相关专业教材,也可作为工程造价管理和企业管理人员的参考用书。

版权专有　侵权必究

图书在版编目(CIP)数据

建筑工程计价与投资控制/毛燕红主编.—北京:北京理工大学出版社,
2009.6　(2013.9重印)
　ISBN 978-7-5640-2395-9

　Ⅰ.建…　Ⅱ.毛…　Ⅲ.建筑工程-工程造价-高等学校-教材　Ⅳ.TU723.3

中国版本图书馆 CIP 数据核字(2009)第 109553 号

出版发行 / 北京理工大学出版社

社　　址 / 北京市海淀区中关村南大街 5 号
邮　　编 / 100081
电　　话 / (010)68914775(办公室)　68944990(批销中心)　68911084(读者服务部)
网　　址 / http://www.bitpress.com.cn
经　　销 / 全国各地新华书店
印　　刷 / 北京通州京华印刷制版厂
开　　本 / 787 毫米×960 毫米　1/16
印　　张 / 14
字　　数 / 295 千字
版　　次 / 2009 年 6 月第 1 版　2013 年 9 月第 4 次印刷　　　责任校对 / 陈玉梅
定　　价 / 27.00 元　　　　　　　　　　　　　　　　　　　　责任印制 / 边心超

图书出现印装质量问题,本社负责调换

出 版 说 明

　　建筑业作为我国国民经济发展的支柱产业之一，长期以来为国民经济的发展做出了突出的贡献。特别是进入 21 世纪以后，建筑业发生了巨大的变化，我国的建筑施工技术水平跻身于世界先进行列，在解决重大项目的科研攻关中得到了长足的发展，我国的建筑施工企业已成为发展经济、建设国家的一支重要的有生力量。

　　随着社会的发展，城市化进程的加快，建筑领域科技的进步，市场竞争将日趋激烈；此外，随着全球一体化进程的加快，我国建筑施工企业面对的不再是单一的国内市场，跨国、跨地区、跨产业的竞争模式逐渐成为一种新的竞争手段。因此，建筑行业对人才质量的要求也越来越高。

　　教材作为体现教学内容和教学方法的知识载体，是进行教学活动的基本工具，是深化教育教学改革、保障和提高教学质量的重要支柱和基础。教育部自 1998 年颁布新的《普通高等院校本科专业目录》以来，多次提出深化高等教育改革、提高人才培养质量的指导性意见和具体措施，各高校（院系）根据我国经济社会发展的新形势，紧密结合建设行业发展的实际，结合本校、本院系的实际，在实践中积极探索，在改革中不断创新，总结出了许多新经验。实践证明，加强施工理论与应用的研究对于提高施工技术的高科技含量，高质量、高效率地完成大型工程建设，促进高效的施工技术成果在建筑工程中的推广应用，实现施工技术现代化，并最终实现我国建筑业的现代化具有重要作用。

　　为适应高等学校专业调整后教学改革的需要，北京理工大学出版社邀请国内部分高等院校老师和具有丰富实践经验的工程师、技术人员组成编写组，组织编写并出版了本系列教材。该系列教材以"教育要面向现代化，面向世界，面向未来"为宗旨，考虑土建类专业教材"教"与"学"的要求，从土建工程施工管理工作对人才的要求出发，通过对职业岗位的调查分析和论证，紧紧围绕培养目标，较好地处理了基础课与专业课的关系、理论教学与实践教学的关系、统一要求与体现特色的关系，以及传授知识、培养能力与加强素质教育的关系等。

　　本系列教材特点如下：

　　一、作者队伍由教师、工程师组成，专业优势突出

　　本系列教材作者队伍均来自教学一线和工程实践一线，其一是具有丰富教学经验的教师，因此教材内容更加贴近教学实际需要，方便"老师的教"和"学生的学"，增强了教材的实用性；其二是建筑设计与建筑施工管理的工程师或建筑业专家，在编写内容上更加贴近工程实践需要，从而保证了学生所学到的知识就是工程建设岗位所需要的知识，真正做到"学以致用"。

二、教材理论够用，重在实践

本系列教材严格依据高等院校人才培养目标进行定位，以适应社会需求为目标，以培养技术能力为主线，在内容选择上充分考虑土建工程专业的深度和广度，以"必需、够用"为度，以"讲清概念、强化应用"为重点，深入浅出，注重实用。本系列教材除设置主干课程以外，还设置了以实践为主旨，配合主干课程学习的实践、实训指导，注重学生实践能力的培养。

三、教材体例设计独特，方便教学

本系列教材内容在体例设计上新颖独特，每章前面设置有【学习重点】和【培养目标】，对本章内容和教学要求作出了引导；每章后面设置有【本章小结】，对本章的重点内容进行了概括性总结。此外，每章后面还设置了【思考与练习】，供学生课后练习使用，构建了一个"引导—学习—总结—练习"的教学全过程。

四、教材内容新颖，表现形式灵活

本系列教材在编写过程中，突出一个"新"字，教材以现行国家标准、行业标准为依据，编入了各种新材料、新工艺、新技术；对理论性强的课程，采用图片、表格等形式加以表现，使枯燥无味的理论学习变得轻松易懂，在方便教学的同时激发学生的学习兴趣。

五、教材具有现代性，内容精简

本系列教材编写过程中，编委会特别要求教材不仅要具有原理性、基础性，还要具有现代性，纳入最新知识及发展趋势。对教学课程的设置力求少而精，并通过整合的方法有效地进行精减。这样做不只是为了精减学时，更主要的是可淡化细节，强化理论、注重实践，有助于传授知识与能力培养的协调和发展。

六、教材内容全面，适用面广

本系列教材的编写充分考虑了我国不同地域各高校的办学条件，旨在加强学生能力的培养，尤其是在实践能力的培养方面进行了慎重考虑和认真选择，同时也充分考虑了土建类专业的特点；教材可供各高等学校、应用型本科院校、成人高等院校土木工程、建筑工程及其他相关专业学生使用，也可作为建筑工程施工及技术管理人员的参考用书。

教学改革是一个不断深化的过程，教材建设是高等院校教育改革的一项基础性工程，同时也是一个不断推陈出新的过程。要真正做到出精品教材，出特色教材，一方面需要编者的努力，另一方面也需要读者提出宝贵的意见和建议。我们深切希望本系列教材的出版能够推动我国高等院校土建类专业教学事业的发展，并对我国高等院校土建类专业教材的改革起到积极、有效的推动作用，为培养新世纪工程建设的高级人才做出贡献。

在本系列教材编写过程中，得到了不少高等院校教师的大力支持，受到了诸多工程建设一线工程师的指点和帮助，在此特向他们致以衷心的感谢！同时，对参与编写本系列教材和为本系列教材出版作出努力的全体人员表示感谢！

北京理工大学出版社

前　言

随着招标投标制、合同制在工程建设领域的逐步推行，以及为满足我国加入 WTO 并与国际接轨的要求，我国正逐步对工程造价的体制进行改革，以适应新形势下工程计价与投资控制的需要。特别是《建设工程工程量清单计价规范》的发布施行，标志着我国工程造价体制的改革正在不断深化，正在逐步形成"市场形成价格"的工程造价管理新机制。

随着我国工程造价体制改革的不断深入，工程计价与投资控制作为工程监理工作的三大控制目标之一，也必然会发生改变。目前我国建设市场正进入一个高速发展的阶段，对工程监理人员的计价与投资控制工作也提出了更高的要求。工程监理人员不仅仅要做好工程质量监理工作，更要做好工程计价与投资管理工作，避免处于一种事后控制的被动状态。

"建筑工程计价与投资控制"是高等院校土建学科工程监理专业的一门重要课程。本教材本着"必需、够用"的原则，以"讲清概念、强化应用"为主旨组织编写。通过本课程的学习，要求学生掌握工程造价计价与控制的方法，具有分析和解决工程实际问题的能力。

本教材依据《建设工程工程量清单计价规范》（GB 50500—2008）、《建筑安装工程费用项目组成》（建标〔2003〕206 号）、《全国统一建筑工程基础定额》（GJD 101—1995）、《建设工程价款结算暂行办法》（财建〔2004〕369 号）、《中华人民共和国招标投标法》等相关标准、法规编写而成。主要介绍了建设工程投资控制概述、建设工程投资构成、建设工程投资确定的依据、建设项目投资决策、建设工程设计阶段投资控制、建设工程施工招标投标阶段投资控制、建设工程施工阶段投资控制、建设工程竣工决算等内容。

本教材内容丰富、资料翔实，理论联系实际，以相关实例的方式指导学生进行学习，以便于学生掌握相关技能，并活学活用到实际工作中去。为方便教学，本教材在各章前设置了【学习重点】和【培养目标】，给学生学习和老师教学作出了引导；在各章后面设置了【本章小结】和【思考与练习】，从更深的层次给学生以思考、复习的提示，从而构建了一个"引导—学习—总结—练习"的教学全过程。

　　本教材由毛燕红主编，孙秀伟副主编，可作为高等院校土建学科工程监理专业的教材，也可作为工程经济和工程管理人员学习、培训的参考用书。

　　本教材在编写过程中，参阅了国内同行多部著作，部分高等院校老师提出了很多宝贵意见供我们参考，在此，对他们表示衷心的感谢！

　　本教材的编写虽经推敲核证，但限于编者的专业水平和实践经验，仍难免有疏漏或不妥之处，恳请广大读者批评指正。

编　者

目　　录

第一章 建设工程投资控制概述

学习重点

1. 投资的概念和投资的种类。
2. 基本建设的分类和基本建设程序。
3. 建筑工程计价的两种计价方法。
4. 建设工程投资控制的原理和目标。

培养目标

了解投资与基本建设的关系，理解建设工程投资控制的原理和目标，掌握建设工程投资控制的措施和方法。

第一节 投资与基本建设

一、投资

（一）投资的概念

投资一般是指经济主体为获取经济效益而垫付货币或其他资源以用于某些事业的经济活动过程。

投资属于商品经济的范畴，投资活动作为一种经济活动，是随着社会化生产的产生以及社会经济和生产力的发展而逐渐产生和发展的。

在社会化大生产过程中，投资活动经历了一个发展、变更的过程，投资作为资本价值的垫付行为采取了不同形式。在资本主义发展初期，生产资料所有者与经营者尚未分离，投资者一般直接占有生产资料，因此多采用直接投资的方式，即经济主体将资金直接用于购建固定资产和流动资产，形成实物资产，即生产资料，用以生产产品，体现其使用价值和价值。

20世纪以来，随着社会生产力的高度发展，生产资料的占有和使用权出现了分离，股份制经济的出现和发展，大大加速了这个分离的过程。

因此，目前投资的主要方式是间接投资，即投资者用资金去购买具有同等价值的金融商品，主要指购买企业发行的股票和公司债券，形成金融资产。随着生产力的进一步发展，世界经济一体化步伐加快，投资资金的流通已趋于国际化，投资主体通常为获取利润而投放资金于国内或国外，形成资金的国际大循环。

（二）投资的种类

投资作为社会再生产和扩大再生产过程中货币价值的长期垫付过程，是国家促进社会经济持续、稳定、协调发展的基础，是进行社会再生产与扩大再生产的基本手段，是国家、企业或个人获取价值增值的重要途径。从不同的角度，按照不同的划分方法，投资可以分为以下几类。

1. 按形成的资产性质分

投资按其形成的资产的性质不同，分为固定资产投资和流动资产投资。

（1）固定资产投资。固定资产投资指用于购置和建造固定资产的投资。固定资产指在社会再生产过程中，可供较长时间反复使用，使用年限在一年以上，单位价值在规定的限额以上，并在其使用过程中基本上不改变原有实物形态的劳动资料和物质资料。如建筑物、房屋、运输工具、机器设备、牲畜等。

固定资产投资按照再生产的性质和计划管理的要求，可分为基本建设投资、更新改造投资和其他固定资产投资。

固定资产投资又可按用途的不同，分为生产性建设投资和非生产性建设投资。生产性建设投资指直接用于物质生产或直接为物质生产服务的建设投资，包括农、林、运输、邮电、商业、仓储及建筑业建设等投资。非生产性建设投资指用于非物质生产部门及满足人民物质文化生活需要的投资，包括卫生、体育、文化、教育、房地产、公用事业、金融、保险业等的投资。

（2）流动资产投资。流动资产投资即用于流动资产的投资。流动资产是指在企业的生产经营过程中经常改变其存在状态的资金运用项目，如工业企业的原材料、在产品、产成品，银行存款和库存现金等。流动资产投资主要包括储备资金、生产资金、产成品资金和货币资金等。

实施固定资产投资的同时，必须具备与其相配套的流动资金。二者之间客观上应有一个相对稳定的比例关系。一般来看，生产力水平和管理水平越高，流动资金占用的投资率愈小。

2. 按投资方式分

投资按其投放途径或方式不同分为直接投资和间接投资。

直接投资是将资金直接投入投资项目，形成固定资产和流动资产的投资。包括房地产投资，固定资产投资，生产存货投资，租赁、承包，实际经营投资，收藏品等实物投资。直接投资一般不经过金融中介，但需投资者亲自进行实物资产的经营管理。其特点是风险较小，而流动性较差。

间接投资是指通过购买股票、债券及其他的特权票据所进行的投资，它形成证券金融资产。包括股票投资、债券投资、信托投资、期货投资、特权投资等。证券投资一般要通过金融中介，把资金由供方转移给需方，因此它表现为所有权的转移，并未使生产能力增加，也不需投资者从事实物资产的经营管理。其特点是流动性好，而风险较大。就社会整体而言，间接投资的重要作用是能够更广泛地聚集社会资金，用于社会化大生产，推动经济的发展。

3. 按资金来源分

投资按其资金的来源不同分为净投资和折旧再投资。

净投资是指资金来源于国民收入，它相当于国民收入积累额中用于增加固定资产和流动资产的部分，在扩大投资时，净投资是构成资金价值量的源泉，起着举足轻重的作用。

折旧再投资指来源于固定资产补偿价值的那部分投资。它由生产过程中磨损的固定资产的转移价值所构成。随着国民经济的发展，全社会固定资产拥有量逐渐增多，使得折旧再投资在整个固定资产投资中所占份额日益增大，因此，它日益成为投资的重要来源。

4. 按时间长短分

投资按时间长短不同分为长期投资和短期投资。

长短期的区分一般以一年为界。一年以上的投资称为长期投资，一年以下的称为短期投资。另有一种分法，是在长短期投资之间再划出一段时期，即指1～5年或1～7年期限的投资，称为中期投资，在5～7年以上的投资，方称之为长期投资。

5. 按效用分

投资按其效用不同分为积极投资和消极投资。

积极投资指用于购买机器设备等直接生产产品的生产资料的投资。这种投资旨在获得最大的经济效益，而较少考虑到投资风险。投资的结果是为了实现技术进步，提高生产效率。一般被认为是主要的和效益最好的投资。投资不是为了分散投资风险，而是寻求那些价值特别高或价值特别低的投资手段。

消极投资指用于建设道路、厂房等非直接生产产品的生产资料的投资。投资的目的是寻求各种投资间的最佳组合，分散投资风险，而不以收益最大为目标。投资结果与生产效率的提高无直接联系，但也是进行生产所必不可少的辅助投资。

二、基本建设

（一）基本建设的概念

基本建设就是指固定资产的建设，即是建筑、安装和购置固定资产的活动及与之相关的工作。

按照我国现行规定，凡利用国家预算内基建拨改贷、自筹资金、国内外基建信贷以及其他专项资金进行的以扩大生产能力或新增工程效益为目的的新、扩建工程及有关工作，属于基本建设。

基本建设包括以下几方面工作。

（1）建筑安装工程。它是基本建设的重要组成部分，是工程建设通过勘测、设计、施工等生产性活动创造的建筑产品。包括建筑工程和安装工程两个部分。建筑工程包括各种建筑物和房屋的修建、金属结构的安装、安装设备的基础建造等工作。安装工程包括生产、动力、起重、运输、输配电等需要安装的各种机电设备的装配、安装、试车等工作。

(2) 设备工器具的购置。它是指由建设单位因建设项目的需要向制造行业采购或自制达到固定资产标准的机电设备、工具、器具等的工作。

(3) 其他基建工作。指不属于上述两项的基建工作，如勘测、设计、科学试验、淹没及迁移赔偿、水库清理、施工队伍转移、生产准备等工作。

通过基本建设，可以为国民经济各部门提供大量新增的固定资产和生产能力，为社会扩大再生产提供物质技术基础；通过基本建设，对现有企业进行更新和改造，可以用先进的技术装备武装国民经济各个部门，逐步实现国民经济现代化；通过基本建设，可以提供更多更好的物质文化生活、福利设施和住宅，丰富和提高人民物质文化生活水平。因此有计划地进行基本建设，对于促进国民经济稳步、健康、持续地发展，提高人民物质文化生活水平，都具有非常重要的战略意义。

(二) 基本建设的分类

为了加强基本建设管理，正确地评估和考核基本建设的工作业绩，更好地控制和调节基本建设的规模，对基本建设应采用不同的方法进行分类。

1. 按建设项目性质分类

基本建设是由一个个基本建设项目（简称建设项目）组成的。所谓建设项目是指按照一个总体设计进行施工，由若干个单项工程组成，经济上实行统一核算，行政上实行统一管理的基本建设单位。例如一个工厂、一座水库、一座水电站、一个引水工程、一个农场、一所医院、一所学校或其他独立的工程、都是一个建设项目。建设项目按其性质，又可分为新建、扩建、改建、恢复和迁建项目。

(1) 新建项目。指从无到有，平地起家，新开始建设的项目。有的建设项目原有的规模很小，经扩大建设后，其新增的固定资产价值超过原有固定资产价值的三倍以上，也算作新建项目。新建项目对国民经济的发展，尤其是对新兴工业部门的建立，具有决定性作用。

(2) 扩建项目。指现有企业、事业和行政单位为扩大原有产品的生产能力（效益），或为增加新的产品生产能力，而增建主要生产车间（工程）的项目，扩建方法具有投资少、工期短、收效快的优点。

(3) 改建项目。指现有企业、事业单位为提高生产效益，提高产品质量或改变产品方向，对原有设施、工艺进行技术改造的项目。有的企业为平衡生产能力增建一些辅助、附属车间，也属改建项目。改建多数情况下是和改革工艺、采用新技术、进行技术改造相结合来进行的，这是挖掘生产潜力的一项重要措施。

(4) 恢复项目。指企业、事业单位因地震、水灾等自然灾害或战争等原因，使原有固定资产全部或部分报废，以后又按原有规模重新建立恢复起来的项目。这类项目，不论是按原有规模恢复建设，还是在恢复中同时进行扩建的，都算恢复项目。但是，尚未建成投产或交付使用的项目，在遭灾被毁后，仍继续按原设计重建的，则原建设性质不变；如按新设计重建的，则根据新建设内容确定其建设性质。

(5) 迁建项目。指现有企业、事业单位由于改变生产布局或环境保护和安全生产以及其他特殊需要，搬迁到另外地方进行建设的项目。移地建设，不论其建设规模大小，都属于迁建项目。

基本建设项目按照建设性质分为上述五类。一个建设项目只能有一种性质，在项目按总体设计全部建成之前，其建设性质是始终不变的。新建项目在完成原总体设计之后，再进行扩建或改建的，则作为另一个扩建或改建项目。

2. 按建设用途分类

按基本建设工程的不同用途，可分为生产性建设和非生产性建设两大类。

(1) 生产性建设。指直接用于物质生产和直接为物质生产服务的建设，如工业建设、水利建设、运输建设、商业和物资供应建设等。

(2) 非生产性建设。指为满足人民物质和文化生活福利需要的建设，如住宅建设、文教卫生建设、公用事业建设等。

一个国家的建设事业是否能持久、稳步地进行，取决于生产性建设与非生产性建设的辩证关系。正确安排物质生产与非物质生产投资比例，关系到协调经济建设与文化建设，生产与生活的关系。此比例即是通常所说的"骨头"与"肉"的关系。一般来说，物质生产性固定资产投资的比例应大于非物质生产性固定资产投资的比例。根据我国的历史经验，二者比例控制在 2∶1，是个大体合适的比例。

3. 按建设规模大小分类

基本建设项目按项目的建设总规模或总投资可分为大型、中型和小型项目三类。

习惯上将大型和中型项目合称为大中型项目。一般是按产品的设计能力或全部投资额来划分。新建项目按项目的全部设计规模（能力）或所需投资（总概算）计算；扩建项目按扩建新增的设计能力或扩建所需投资（扩建总概算）计算，不包括扩建以前原有的生产能力。其中，新建项目的规模是指经批准的可行性研究报告中规定的近期建设的总规模，而不是指远景规划所设想的长远发展规模。明确分期设计、分期建设的，应按分期规模计算。更新改造项目按照投资额分为限额以上项目和限额以下项目两类。

《基本建设财务管理规定》财建〔2002〕394 号指出，基本建设项目竣工财务决算大中小型划分的标准为：经营性项目投资额在 5 000 万元（含 5 000 万元）以上、非经营性项目投资额在 3 000 万元（含 3 000 万元）以上的为大中型项目，其他项目为小型项目。

4. 按建设项目资金来源渠道划分

(1) 国家投资项目，是指国家预算计划内直接安排的建设项目。

(2) 自筹建设项目，是指国家预算以外的投资项目。自筹建设项目又分地方自筹项目和企业自筹项目。

（3）外资项目，是指由国外资金投资的建设项目。

（4）贷款项目，是指资金来源是通过向银行贷款的建设项目。

（三）基本建设项目的划分层次

根据基本建设工程管理和确定工程造价的需要，基本建设项目划分为建设项目、单项工程、单位工程、分部工程和分项工程五个基本层次，如图1-1所示。

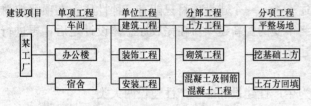

图1-1　基本建设项目的划分层次

1. 建设项目

建设项目是指经过有关部门批准的立项文件和设计任务书，经济上实行独立核算，行政上具有独立的组织形式并实行统一管理的工程项目。我们通常认为：一个建设单位就是一个建设项目，建设项目的名称一般是以这个建设单位的名称来命名。例如：某化工厂，某装配厂，某制造厂等工业建设；某农场，某度假村，某电信城等民用建设均是建设项目，均由项目法人单位实行统一管理。

2. 单项工程

单项工程是指具有独立的设计文件，竣工后可以独立发挥生产能力并能产生经济效益或效能的工程，是建设项目的组成部分。如一个工厂的车间、办公楼、宿舍、食堂等，一个学校的教学楼、办公楼、实验楼、学生公寓等均属于单项工程。

3. 单位工程

单位工程是工程项目的组成部分。单位工程是指竣工后不能独立发挥生产能力或使用效益，但具有独立的施工图纸和组织施工的工程。如土建工程（包括建筑物、构筑物）、电气安装工程（包括动力、照明等）、工业管道工程（包括蒸汽、压缩空气、煤气等）、暖卫工程（包括采暖、上下水等）、通风工程和电梯工程等。一个单位工程由多个分部工程构成。

4. 分部工程

分部工程是指按工程的工程部位或工种不同进行划分的工程项目。如：在建筑工程这个单位工程中包括土（石）方工程、桩与地基基础工程、砌筑工程、混凝土及钢筋混凝土工程、厂库房大门特种门木结构工程、金属结构工程、屋面及防水工程等多个分部工程。

5. 分项工程

分项工程是指能够单独地经过一定的施工工序就能够完成，并且可以采用适当计量单位计算的建筑或设备安装工程。如：混凝土及钢筋混凝土这个分部工程中的带型基础、独立基础、满堂基础、设备基础、矩形柱、异形柱等均属分项工程。

分项工程是工程量计算的基本元素，是工程项目划分的基本单位，所以工程量均按分项工程计算。

（四）基本建设程序

基本建设程序指由行政性经济法规所规定的、进行基本建设所必须遵循的阶段和先后顺序。

科学的基本建设程序，是固定资产及生产能力建造和形成过程的规律性反映，是基本建设技术经济特点所决定的。国家通过制定有关经济法规，把整个基本建设过程划分为若干阶段，规定每一阶段工作的内容、原则以及审批权限，既是基本建设应遵循的法律准则，也是国家对基本建设进行管理的手段之一。

建设程序一般分为八个阶段（图 1-2）：①项目建议书；②可行性研究报告；③初步设计；④施工准备（包括招标设计）；⑤建设实施；⑥生产准备；⑦竣工验收；⑧项目后评价。

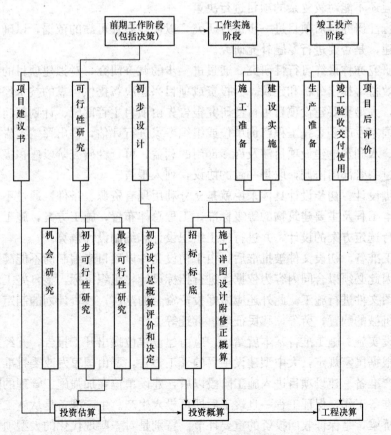

图 1-2　工程项目建设程序简图

（1）项目建议书。它是在项目规划的基础上，由主管部门提出的工程项目的轮廓设想，主要是从客观上衡量分析工程项目建设的必要性和可能性，即分析其建设条件是否具备，是否值得投入资金和人力，是否进行可行性研究。

按国家规定，大中型项目的项目建议书由国家发改委审批。经批准后方可开展可行性研究等建设前期工作。

（2）可行性研究。可行性研究是运用现代生产技术科学、经济学和管理工程学，对建设项目进行技术经济分析的综合性工作。其任务是研究兴建或扩建某个建设项目在技术上是否可行；经济上效益是否显著；财务上能否盈利；建设中要动用多少人力、物力和资金；建设工期多长；如何筹集建设资金等重要问题。因此，可行性研究是进行项目决策的重要依据。

通常国外所指的可行性研究，大致包括机会研究、初步可行性研究、可行性研究三个阶段。

机会研究主要是鉴别投资机会，对拟建项目投资方向提出建议，并确定有没有必要作进一步研究。但还不能对较复杂的项目进行决策。

初步可行性研究是对项目进一步进行研究，以便能有较可靠的依据，以确定拟建项目是否有必要兴建，是否要进行专题补充研究。

可行性研究亦称最终可行性研究，通过进一步的调查研究，对拟建项目的投资额、资金来源、工程效益等提出分析和建议，为投资或项目兴建决策提供可靠的技术经济依据。

按规定，大型重要建设项目可行性研究报告先由项目主管部门、计划部门预审，上报国家发改委，国家发改委委托工程咨询单位或组织专家进行评估，提出评估报告作为项目决策的主要依据。水利水电建设项目涉及许多部门的利益，可行性研究阶段应积极与有关部门及时协商或通过主管部门协调，取得一致的协议，列入报告。

（3）初步设计。初步设计具体来说就是充分利用现有资源、条件，通过不同方案和分析比较，论证本工程及主要建筑物的等级标准，工程总体布置，施工方案，施工总进度及施工总布置；进行选定方案的设计，并进行施工组织设计和编制设计概算。

（4）施工准备。初设文件被批准后，由于初设文件以项目来编制尚不能满足签订招标合同的要求，因此必须以合同内容为依据，进行招标设计，组织招标、签订施工承包合同，然后按施工详图文件进行施工。此外还应做好投资资金的落实，投资计划的制定，设备、建筑材料、施工机械的购置，劳务，移民征地，拆迁等工作。

（5）建设实施。施工准备基本就绪后，应由建设单位提出开工报告，并经过批准后才能开始施工。根据国家规定，大中型建设项目的开工报告，要由国家发改委批准。

（6）生产准备。建设项目进入施工阶段以后，建设单位在加强施工管理的同时，也要着手做好生产准备工作，保证工程一旦竣工后即可投入生产。生产准备是从施工到投产、从建设到生产的桥梁，是保证收回投资的重要环节。特别是对一些现代化的大型项目来说，生产准备工作尤为重要。

（7）竣工验收。竣工验收是工程建设过程的重要阶段，它是全面考核建设工作，检查工程是否合乎设计要求和质量好坏的重要环节，是投资成果转入生产或使用的标志。竣工验收对促进建设项目及时投产，发挥投资效果，总结建设经验，都有重要作用。国家对建设项目竣工验收的组织工作，一般按隶属关系和建设项目的重要性而定。大中型项目，部门所属的，由主管部门会同所在省市组织验收；各省、自治区、直辖市所属的，由地方组织验收；特别重要的项目，由国务院批准组织国家验收委员会验收；小型项目，由主管单位组织验收。竣工验收，可以是单项工程验收，也可以是全部工程验收。经验收合格的项目，写出工程验收报告，办理移交固定资产手续，交付生产使用。

（8）项目后评价。项目后评价是对项目达到正常生产能力后的实际效果与预期效果的分析评价。通过项目后评价，对项目投资过程、可行性研究工作、经营管理过程和水平进行分析评价，以促进项目评估人员做好可行性研究工作，提高可行性研究的客观性与公正性，提高决策的科学化水平。

第二节　建筑工程计价

一、建筑工程计价的概念

计价就是指计算建筑工程造价。建筑工程造价即建设工程产品的价格。

工程项目造价有两层含义，第一层含义是指建设一项工程预期开支或实际开支的全部固定资产投资费用。包括设备工器具购置费、建筑安装工程费、工程建设其他费、预备费、建设期贷款利息和固定资产投资方向调节税费用。第二层含义是从发承包的角度来定义，工程造价就是工程发承包价格。对于发包方和承包方来说，就是工程发承包范围以内的建造价格。建设项目总发承包有建设项目工程造价，某单项工程的建设任务的发承包有该单项工程的建筑安装工程造价，某工程二次装饰分包有装饰工程造价等。

建筑产品有建设地点的固定性、施工的流动性、产品的单件性、施工周期长、涉及部门广等特点，每个建筑产品都必须单独设计和独立施工才能完成。即使使用同一套图纸，也会因建设地点、时间、地质和地貌构造、各地消费水平等的不同，人工、材料单价的不同，以及各地规费计取标准的不同等诸多因素影响，而使建筑产品价格有很大的不同。所以，建筑产品价格必须由特殊的定价方式来确定，也就是每个建筑产品必须单独定价。当然，在市场经济条件下，施工企业的管理水平不同、竞争获取中标的目的不同，也会影响到建筑产品价格的高低，建筑产品的价格最终是由市场竞争形成。

二、建筑工程造价的影响因素及计价方法

建筑工程计价的形式和方法多种多样，各不相同，但计价的基本过程和原理是相同的。

（一）影响工程造价的因素

影响工程造价的主要因素有两个，即基本构造要素的单位价格和基本构造要素的实物工

程数量，可用下列基本计算式表达：

$$工程造价 = \sum（工程实物量 \times 单位价格）$$

基本子项的单位价格高，工程造价就高；基本子项的实物工程数量大，工程造价也就大。在进行工程造价计价时，实物工程量的计量单位是由单位价格的计量单位决定的。如果单位价格计量单位的对象取得较大，得到的工程估算就较粗，反之则工程估算会较细较准确。基本子项的工程实物量可以通过工程量计算规则和设计图纸计算而得，它可以直接反映工程项目的规模和内容。

（二）计价方法

由于建筑产品价格的特殊性，与一般工业产品价格的计价方法相比，工程造价采用了特殊的计价方法，即按定额计价法和按工程量清单计价法。

1. 定额计价法

定额计价法又称施工图预算法，是在我国计划经济时期及计划经济向市场经济转型时期所采用的行之有效的计价方法。

定额计价法中的直接费单价只包括人工费、材料费和机械台班使用费，它是分部分项工程的不完全价格。我国有两种计价方式：

（1）单位估价法。单位估价法是根据国家或地方颁布的统一预算定额规定的消耗量及其单价，以及配套的取费标准和材料预算价格，根据施工图纸计算出相应的工程数量，套用相应的定额单价计算出定额直接费，再在直接费的基础上计算各种相关费用及利润和税金，最后汇总形成建筑产品的造价。用公式表示为：

$$建筑工程造价 = [\sum（工程量 \times 定额单价）\times（1+各种费用的费率+利润率）] \times$$
$$（1+税金率）$$

$$装饰安装工程造价 = [\sum（工程量 \times 定额单价）+\sum（工程量 \times 定额人工费单价）\times$$
$$（1+各种费用的费率+利润率）] \times（1+税金率）$$

（2）实物估价法。实物估价法是先根据施工图纸计算工程量，然后套基础定额，计算人工、材料和机械台班消耗量，将所有的分部分项工程资源消耗量进行归类汇总，再根据当时、当地的人工、材料、机械单价，计算并汇总人工费、材料费、机械使用费，得出分部分项工程直接费。在此基础上再计算其他直接费、间接费、利润和税金，将直接费与上述费用相加，即可得到单位工程造价（价格）。

预算定额是国家或地方统一颁布的，视为地方经济法规，必须严格遵照执行。在一般概念上讲，尽管计算依据相同，只要不出现计算错误，其计算结果是相同的。

按定额计价方法确定建筑工程造价，由于有预算定额规范消耗量，有各种文件规定人工、材料、机械单价及各种取费标准，在一定程度上防止了高估冒算和压级压价，体现了工程造价的规范性、统一性和合理性。但对市场竞争起到了抑制作用，不利于促进施工企业改进技术、加强管理、提高劳动效率和市场竞争力，因此，出现了另一种计价方法——工程量清单计价方法。

2. 工程量清单计价法

工程量清单计价法，是我国在 2003 年提出的一种与市场经济相适应的投标报价方法，这种计价法是国家统一项目编码、项目名称、计量单位和工程量计算规则（即"四统一"），由各施工企业在投标报价时根据企业自身的技术装备、施工经验、企业成本、企业定额、管理水平、企业竞争目的及竞争对手情况自主填报单价而进行报价的方法。

工程量清单计价法的实施，实质上是建立了一种强有力且行之有效的竞争机制，由于施工企业在投标竞争中必须报出合理低价才能中标，所以对促进施工企业改进技术、加强管理、提高劳动效率和市场竞争力起到积极的推动作用。

工程量清单计价法的造价计算方法是"综合单价"法，即招标方给出工程量清单，投标方根据工程量清单组合分部分项工程的综合单价，并计算出分部分项工程的费用，再计算出税金，最后汇总成总造价。用公式表示为：

建筑工程造价＝［Σ（工程量×综合单价）＋措施项目费＋其他项目费＋规费］×

　　　　（1＋税金率）

三、基本建设造价文件的组成

建设项目工程造价的计价贯穿于建设项目从投资决策到竣工验收全过程，是各阶段逐步深化、逐步细化和逐步接近实际造价的过程。计价过程各环节之间相互衔接，前者制约后者，后者补充前者。根据建设程序进展阶段的不同，造价文件包括投资估算、设计概算、施工图预算、标底与标价、竣工结算及竣工决算等。

1. 投资估算

投资估算，是指在项目建议书和可行性研究阶段，由科研单位或建设单位编制，用以确定建设项目的投资控制额的基本建设造价文件。投资估算是项目决策时一项重要的参考经济指标，是判断项目可行性的重要依据之一。

一般来说，投资估算比较粗略，仅作控制总投资使用。其方法是根据建设规模结合估算指标进行估算。常用到的指标有：平方米指标、立方米指标或产量指标等进行估算。如某城市拟建日产 10 万 t 钢材厂，估计每日产万 t 钢材厂约需资金 600 万元，共需资金为 10×600＝6 000 万元资金。再如某单位拟建教学楼 4 万 m²，每 m² 约需资金 1 200 元，则共需资金 4 800 万元。

投资估算在通常情况下应将资金打足，以保证建设项目的顺利实施。

投资估算文件在可行性研究阶段编制。

2. 设计概算

设计概算，是指建设项目在设计阶段由设计单位根据设计图纸进行计算的，用以确定建设项目概算投资、进行设计方案比较、进一步控制建设项目投资的基本建设造价文件。设计概算由设计院根据设计文件编制，是设计文件的组成部分。

设计概算根据施工图纸设计深度的不同，其概算的编制方法也有所不同。设计概算的编制方法有三种：根据概算指标编制概算，根据类似工程预算编制概算，根据概算定额编制概算。

在方案设计阶段和修正设计阶段，根据概算指标或类似工程预算编制概算；在施工图设计阶段可根据概算定额编制概算。

3. 施工图预算

施工图预算，是指在施工图设计完成之后、工程开工之前，根据施工图纸及相关资料编制的，用以确定工程预算造价及工料的基本建设造价文件。由于施工图预算是根据施工图纸及相关资料编制的，施工图预算确定的工程造价更接近实际。

施工图预算由建设单位或委托有相应资质的造价咨询机构编制。

4. 标底与标价

标底、标价的编制方法与施工图预算的编制方法相同。

标底，是指建设工程发包方为施工招标选取工程承包商而编制的标底价格。如果施工图预算满足招标文件的要求，则该施工图预算就是标底。

标价，是指建设工程施工招标投标过程中投标方的投标报价。

其中，标底由招标单位或委托有相应资质的造价咨询机构编制，而标价由投标单位编制。

5. 竣工结算

竣工结算，是指建设工程承包商在单位工程竣工后，根据施工合同、设计变更、现场技术签证、费用签证等竣工资料编制的，确定工程竣工结算造价的经济文件。竣工结算是工程承包方与发包方办理工程竣工结算的重要依据。

6. 竣工决算

竣工决算，是指建设项目竣工验收后，建设单位根据竣工结算以及相关技术经济文件编制的，用以确定整个建设项目从筹建到竣工投产全过程的实际总投资的经济文件。．

竣工决算由建设单位编制，编制人是会计师。投资估算、设计概算、施工图预算、标底、标价、竣工结算的编制人是造价工程师。

由此可见，基本建设造价文件在基本建设程序的不同阶段，有不同的内容和形式，其中的对应关系如图1-3所示。

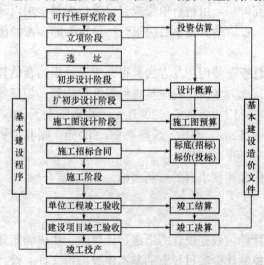

图1-3　基本建设造价文件组成图

第三节　建设工程投资控制原理

一、建设工程投资控制的含义

建设工程投资控制是指投资控制机构和控制人员，为了使项目投资取得最佳的经济效益，在投资全过程中所进行的计划、组织、控制、监督、激励、惩戒等一系列活动。

对建设项目投资进行有效的控制是工程建设管理的重要组成部分，它包括在投资决策阶段、设计阶段、发包阶段和实施阶段的控制；把建设项目投资控制在批准的投资限额以内，随时纠正发生的偏差，确保项目投资控制目标的实现，以求能合理地使用人力、物力、财力，取得较好的投资效益和社会效益。

进行投资控制，首先要有相应的投资控制机构和控制人员。我国的投资控制机构和控制人员包括：

(1) 各级计划部门的投资控制机构及其工作人员。

(2) 银行系统，尤其是建设银行系统及其工作人员。

(3) 建设单位的投资控制人员。实行建设监理制度以后，社会监理单位受建设单位的委托，可对工程项目的建设过程进行包括投资控制在内的监理，承担建设单位的投资控制人员的一部分工作。由于社会监理单位是代表建设单位进行工作的，故可把监理工程师包括在这一类投资控制人员之列。

二、建设工程投资的特点

建设工程投资主要具有以下特点：

1. 建设工程投资数额巨大

建设工程投资数额巨大，动辄上千万乃至数十亿。建设工程投资数额巨大的特点使它关系到国家、行业或地区的重大经济利益，对国计民生也会产生重大的影响。从这一点也说明了建设工程投资管理的重要意义。

2. 建设工程投资需单独计算

每个建设工程都有专门的用途，所以其结构、面积、造型和装饰也不尽相同。即使是用途相同的建设工程，技术水平、建筑等级和建筑标准也有所差别。建设工程还必须在结构、造型等方面适应工程所在地的气候、地质、水文等自然条件，这就使建设工程的实物形态千差万别。再加上不同地区构成投资费用的各种要素的差异，最终导致建设工程投资的千差万别。因此，建设工程只能通过特殊的程序（编制估算、概算、预算、合同价、结算价及最后确定竣工决算等），就每项工程单独计算其投资。

3. 建设工程投资差异明显

每个建设工程都有其特定的用途、功能、规模，每项工程的结构、空间分割、设备配置和内外装饰都有不同的要求，工程内容和实物形态都有其差异性。同样的工程处于不同的地区在人工、材料、机械消耗上也有差异。

4. 建设工程投资确定层次繁多

按国家规定，建设工程项目有大、中、小型之分。凡是按照一个总体设计进行建设的各个单项工程总体即是一个建设项目。它一般是一个企业（或联合企业）、事业单位或独立的工程项目。在建设项目中，凡是具有独立的设计文件、竣工后可以独立发挥生产能力或工程效益的工程为单项工程，也可将它理解为具有独立存在意义的完整的工程项目。各单项工程又可分解为各个能独立施工的单位工程。考虑到组成单位工程的各部分是由不同工人用不同工具和材料完成的，单位工程可以进一步分解为分部工程，然后还可按照不同的施工方法、构造及规格，把分部工程更细致地分解为分项工程。分项工程是能用较为简单的施工过程生产出来的，可以用适量的计量单位计算，并便于测定或计算的工程基本构造要素，也是假定的建筑安装产品。建设工程投资需分别计算分部分项投资、单项工程投资、单位工程投资后才能形成。

5. 建设工程投资确定依据复杂

建设工程投资的确定依据繁多，关系复杂。在不同的建设阶段有不同的确定依据，且互为基础和指导，互相影响。如预算定额是概算定额（指标）编制的基础，概算定额（指标）又是估算指标编制的基础；反过来，估算指标又控制概算定额（指标）的水平，概算定额（指标）又控制预算定额的水平。间接费定额以直接费定额为基础，二者共同构成了建设工程投资的内容等，都说明了建设工程投资的确定依据复杂的特点。

6. 建设工程投资需动态跟踪调整

每项建设工程从立项到竣工都有一个较长的建设期，在此期间都会出现一些不可预料的变化因素对建设工程投资产生影响，如工程设计变更，设备、材料、人工价格变化，国家利率、汇率调整，因不可抗力出现或因承包方、发包方原因造成的索赔事件出现等，必然要引起建设工程投资的变动。所以，建设工程投资在整个建设期内都属于不确定的，需随时进行动态跟踪、调整，直至竣工决算后才能真正形成建设工程投资。

三、工程投资控制发展简史

人们对工程项目投资控制的认识是随着生产力和商品经济的发展及现代科学管理的发展而不断加深的。

资本主义社会化大生产的发展，使共同劳动的规模日益扩大，劳动分工和协作越来越细、越来越复杂，对工程项目各种投入的管理也就更加重要。以英国为例，对工程项目投资管理经历了以下几个阶段。

1. 第一阶段（事后算账）

第一阶段指 16～18 世纪。在这个时期，随着设计和施工分离并各自形成一个专业后，施工工匠需要有人帮助他们对已完成的工程量进行测量和作价，以确定应得的报酬。这些人被称为测量师（Quantity Surveyor），亦可简称为 QS 人员。这时的测量师是在工程设计和工程完工之后才去进行量土方的长度、宽度、高度，测量砖砌了多少方等，从而计算工程量和估算工程投资，并以工匠小组的名义与工程委托人和建筑师进行洽商。

2. 第二阶段（事前算账）

第二阶段指 19 世纪初至 20 世纪 40 年代。从 19 世纪初期开始，资本主义国家在工程建设中开始推行招标承包制。为了使招标者能编制标底及投标者能够报价，要求测量师要在工程设计以后和开工以前就进行测量和估价。从此，项目投资管理逐渐形成独立的专业，完成了工程项目投资管理的第一次飞跃。至此，工程委托人能够做到在工程开工之前，预先了解到需要支付的投资额。但他还不能做到在设计阶段就对工程项目所需的投资进行准确预计，并对设计进行有效的监督控制。

3. 第三阶段（过程控制）

第三阶段的出现是为了解决第二阶段存在的问题。从 20 世纪 40 年代开始，一个"投资计划和控制制度"在英国等商品经济发达国家应运而生。工程管理进入第三阶段，完成了第二次飞跃。随着资本主义商品经济的发展，工程管理专业日臻完善。现阶段的工程项目投资管理具有如下特点：

（1）从事后算账发展到事先算账。即从最初只是消极地反映已完工程量价格，逐步发展到在开工前进行工程量的计算和估价，进而发展到目前的在初步设计时提出概算，在可行性研究时提出投资估算，成为业主做出投资决策的重要依据。

（2）从被动地反映设计和施工到能动地影响设计和施工。投资控制从最初负责施工阶段工程投资的确定和结算，逐步发展到在设计阶段、投资决策阶段对工程投资作出预测，并对设计和施工过程投资的支出进行监督和控制，进行工程项目建设全过程的投资管理。

（3）从依附于施工者或建筑师发展到目前成为一个独立的专业。随着社会的发展，现代工程项目的内涵比传统工程项目的内涵有更加鲜明的特色。工程规模越来越大，涉及因素众多，后果影响重大而且深远，结构复杂，建设周期长且投资额大，风险也大，更加受到社会、政治、经济、技术、自然资源等众多因素的制约，其投资控制工作也就更加困难。目前，如何真正地搞好工程项目投资的控制工作，是全世界普遍面临的一个难题。

由于工程项目投资控制是全世界普遍面临的一个难题，发达国家投资失控的现象也经常出现，但我国工程项目投资控制工作同西方国家相比仍然有很大的差距。随着我国建设领域改革的不断深入，国外的一些先进的项目管理经验和方法也被不断引入到我国工程项目投资控制工作中来，如现在推行的按照国际惯例建立具有中国特色的建设监理制度，正是我国建设领域建立社会主义市场经济新秩序迈出的关键一步，对我国工程项目投资控制工作势必起到良好的促进作用。

四、投资控制的目标设置

为了确保投资目标的实现,需要对投资进行控制;如果没有投资目标,也就不对投资进行控制。投资目标的设置应有充分的科学依据,既要有先进性,又要有实现的可能性。如果控制目标的水平过高,也就意味着投资留有一定量的缺口,虽经努力也无法实现,投资控制也就会失去指导工作、改进工作的意义,成为空谈。如果控制目标的水平过低,也就意味着项目高估冒算,建设者不需努力即可达到目的,不仅浪费了资金,而且对建设者也失去了激励的作用,投资控制也形同虚设。

进行工程项目投资控制,必须有明确的控制目标。这个目标就是实现投资的最佳经济效益。要实现这一目标,就必须对工程项目的所有投资进行系统科学的管理。不仅要注重工程项目的固定资产投资的控制,还要注重流动资金投资的控制;不仅要注重建设阶段的投资控制,还应注重工程项目营运阶段及报废阶段的投资控制。只有这样,才能把工程项目投资控制工作做好。

由于工程项目的建设周期长,各种变化因素多,而且建设者对工程项目的认识过程也是一个由粗到细、由表及里、逐步深化的过程。因此,投资控制的目标是随设计的不同阶段而逐步深入、细化,其目标也是分阶段设置的,随工程设计的深入,目标会愈来愈清晰,愈来愈准确。如投资估算是设计方案选择和初步设计时的投资控制目标,设计概算是进行技术设计和施工图设计时的投资控制目标,设计预算或建设工程施工合同的合同价是施工阶段投资控制的目标,它们共同组成项目投资控制的目标系统。

五、投资控制的动态原理

监理工程师对投资控制应开始于设计阶段,并置身于工程实施的全过程之中,其控制原理如图 1-4 所示。

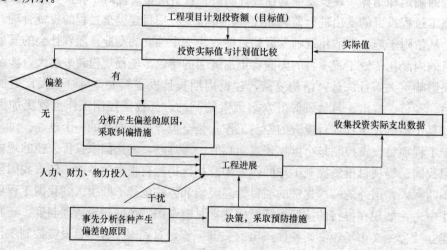

图 1-4 投资控制原理图

项目投资控制的关键在于施工以前的决策阶段和设计阶段；而在投资决策以后，设计阶段（包括初步设计、技术设计和施工图设计）就成为控制项目投资的关键。监理工程师应注意对设计方案进行审核和费用估算，以便根据费用的估算情况与控制投资额进行比较，并提出对设计方案是否进行修改的建议。

同时，监理工程师还应对施工现场和环境进行踏勘，对施工单位的水平和各种资源情况进行调查，以便对设计方案的某些方面进行优化，提出意见，节约投资。

在施工阶段，投资控制主要是通过审核施工图预算，不间断地监测施工过程中各种费用的实际支出情况，并与各个分部工程、分项工程的预算进行比较，从而判断工程的实际费用是否偏离了控制的目标值，或有无偏离控制目标值的趋势，以便尽早采取控制纠偏措施予以纠正。

六、投资控制的手段与措施

1. 投资控制的手段

进行工程项目投资控制，还必须有明确的控制手段。常用的手段有如下几点。

（1）计划与决策。计划作为投资控制的手段，是指在充分掌握信息资料的基础上，把握未来的投资前景，正确决定投资活动目标，提出实施目标的最佳方案，合理安排投资资金，以争取最大的投资效益。决策这一管理手段与计划密不可分。决策是在调查研究基础上，对某方案的可行与否作出判断，或在多方案中作出某项选择。

（2）组织与指挥。组织可从两个方面来理解，一是控制的组织机构设置；二是控制的组织活动。组织手段包括如下内容：控制制度的确立；控制机构的设置；控制人员的选配；控制环节的确定；责权利的合理划分及管理活动的组织等。充分发挥投资控制的组织手段，能够使整个投资活动形成一个具有内在联系的有机整体。指挥与组织紧密相连。有组织就必须有相应的指挥，没有指挥的组织，其活动是不可想象的。指挥就是上级组织或领导对下属的活动所进行的布置安排、检查调度、指示引导，以使下属的活动沿着一定的轨道通向预定的目标。指挥是保证投资活动取得成效的重要条件。

（3）调节与控制。调节是指投资控制机构和控制人员对投资过程中所出现的新情况作出的适应性反应。控制是指控制机构和控制人员为了实现预期的目标，对投资过程进行的疏导和约束。调节和控制是控制过程的重要手段。

（4）监督与考核。监督是指投资控制人员对投资过程进行的监察和督促。考核是指投资控制人员对投资过程和投资结果的分析比较。通过投资过程的监督与考核，可以进一步提高投资的经济效益。

（5）激励与惩戒。激励是指用物质利益和精神鼓励去调动人的积极性和主动性的手段。惩戒则是对失职者或有不良行为的人进行的惩罚教育，其目的在于加强人们的责任心，从另一个侧面来确保计划目标的实现。激励和惩戒二者结合起来用于投资控制，对投资效益的提高有极大的促进作用。

上述各种控制手段是相互联系、相互制约的。在工程项目投资控制活动中，只有各种手段协调一致发挥作用，才能有效地管理投资活动。

2. 投资控制的措施

在工程项目的建设过程中，将投资控制目标值与实际值进行比较，以及当实际值偏离目标值时，分析偏离产生的原因，并采取纠偏的措施和对策。这仅仅是投资控制的一部分工作。要更加有效地控制项目的投资，还必须从项目组织、技术、经济、合同与信息管理等多方面采取措施。从组织上采取措施，包括明确项目组织结构，明确项目投资控制者及其任务，以使项目投资控制有专人负责，明确管理职能分工；从技术上采取措施，包括重视设计多方案选择，严格审查监督初步设计、技术设计、施工图设计、施工组织设计，深入技术领域研究节约投资的可能性；从经济上采取措施，包括动态地比较项目投资的实际值和计划值，严格审核各项费用支出，采取节约投资的奖励措施等。

应该看到，技术与经济相结合是控制项目投资最有效的手段。在工程建设过程中要使技术与经济有机结合，通过技术比较、经济分析和效果评价，正确处理技术先进与经济合理两者之间的对立统一关系，力求做到技术先进条件下的经济合理，在经济合理基础上的技术先进，把控制工程项目投资观念渗透到工程建设的各个阶段。

七、关于建设工程项目投资控制的几个问题

1. 工程项目投资控制离不开宏观环境

尽管我们研究的是一个具体的工程项目的投资控制问题，但我们绝不能把眼光仅盯在该项目上。客观环境，如政治环境、经济环境、技术环境等随时影响着工程项目的投资，只有创造一个相对稳定的宏观环境，并正确地处理好项目与宏观环境的关系，才能真正地做好投资控制工作。

2. 应树立正确的工程项目投资控制思想

长期以来，由于工程项目投资的无偿使用，使得建设单位重视工程质量和工期，而对投资没有给予应有的重视。因此，要做好投资管理工作，就要首先从思想上重视它，应主动而不是被动地来开展这一工作。

3. 正确地处理好建设投资、工期及质量三者的关系

工程项目的投资、工期与质量三者是辩证统一的关系，它们相互依存、相互影响，投资的节约应是在满足工程项目建设的质量（功能）和工期的前提下的节约。同样地，适当地降低工期和确定合适的质量标准也会为投资管理工作提供有利的条件。

4. 投资控制人员的能力是管理好投资的保证

在一定的宏观条件下，控制人员的能力是管理好投资的保证。基于此，FIDIC 编写的《关于咨询工程师选择指南》明确了选择一个工程师的标准是"基于能力的选择"。国外许多

经验表明，雇主在确保管理干部高水平上若不愿意花费时间和经费，以后就要招致重大损失，这种损失将超过其他生产活动领域的错误所造成的损失。

5. 工程项目投资控制应注重建设前期及设计阶段的工作

有关资料表明，建设前期和设计阶段节约投资的潜力是很大的。尽管从项目施工开始，项目建设花钱多，使用阶段花钱更多，但只是有 12% 左右的可能性节约投资，而建设前期和设计阶段虽然花钱不多，但 88% 左右的节约投资的可能性都属于这两个环节。

6. 正确处理好工程建设投资与整个寿命周期费用的关系

工程项目投资控制考虑的是项目整个寿命周期的费用，既包括工程建设投资，也包括营运费用、报废费用。工程项目投资控制工作应正确地处理好它们之间的关系，工程造价的降低不能以导致营运费用的大量增加为前提。控制工作的目标应是在满足功能要求的前提下，使整个寿命周期投资总额最小。

7. 工程项目是全体劳动者共同劳动的结果

工程项目的参加者包括其寿命周期内所有有关的劳动者，如建设单位、设计单位、施工单位、营运单位等，他们共同劳动的结果决定了工程项目投资的数目。因此，只有这些单位相互配合才能管理好项目投资。

8. 投资控制是一门科学，也是一门艺术

工程项目投资控制工作内容复杂，涉及因素众多，方法手段多样，既要注重项目本身的投资效益，更应注重项目的社会效益。如何协调好各种因素，既需要按照已有的科学理论和方法来办事，又需要投资控制人员不断发挥自己的主观能动性，从工程项目管理的具体情况出发去创新。

第四节　监理工程师在投资控制中的任务、职责和权限

一、监理工程师的任务和职责

项目投资控制包括建设前期阶段的监理、工程设计阶段的监理、工程施工阶段的监理等。监理工程师在投资控制中的任务和职责包括以下几方面。

（1）在建设前期阶段进行工程项目的机会研究、初步可行性研究、编制项目建议书，进行可行性研究，对拟建项目进行市场调查和预测，编制投资估算，进行环境影响评价、财务评价、国民经济评价和社会评价。

（2）在设计阶段，协助业主提出设计要求，组织设计方案竞赛或设计招标，用技术经济方法组织评选设计方案。协助设计单位开展限额设计工作，编制本阶段资金使用计划，并进行付款控制。进行设计挖潜，用价值工程等方法对设计进行技术经济分析、比较、论证，在

保证功能的前提下进一步寻找节约投资的可能性。审查设计概预算,尽量使概算不超估算,预算不超概算。

(3) 在施工招标阶段,准备与发送招标文件,编制工程量清单和招标工程标底,协助评审投标书,提出评标建议,协助业主与承包单位签订承包合同。

(4) 在施工阶段,审查承建单位提出的施工组织设计、施工技术方案和施工进度计划,提出改进意见,督促检查承建单位严格执行工程承包合同,调解建设单位与承建单位之间的争议,检查工程进度和施工质量,验收分部分项工程,签署工程付款凭证,审查工程结算,提出竣工验收报告等。

二、监理工程师的权限

为保证监理工程师能够有效地控制项目投资,必须授予监理工程师相应的权限,并且在建设工程施工合同中作出明确规定,正式通知施工企业。

监理工程师在施工阶段进行投资控制的权限包括:

(1) 审定批准施工企业制定的工程进度计划,并督促按批准的进度计划执行。

(2) 检验施工企业报送的材料样品,并按规定进行抽查、复试,根据检验、复试的情况批准或拒绝在本工程中使用。

(3) 对隐蔽工程进行验收、签证,并且必须在验收、签证后才能进行下一道工序的施工。

(4) 对已完工程(包括检验批、分项工程、子分部和分部工程)按有关规范标准进行施工质量检查、验收和评定;并在此基础上审核施工企业完成的检验批、分项工程、子分部和分部工程数量,审定施工企业的进度付款申请表,签发付款证明。

(5) 审查施工企业的技术措施及其费用。

(6) 审查施工企业的技术核定单及其费用。

(7) 控制设计变更,并及时分析设计变更对项目投资的影响。

(8) 做好工程施工和监理记录,注意收集各种施工原始技术经济资料、设计或施工变更图纸和资料,为处理可能发生的索赔提供依据。

(9) 协助施工企业搞好成本管理和控制,尽量避免工程返工造成的损失和成本上升。

(10) 定期向建设单位提供施工过程中的投资分析与预测、投资控制与存在问题的报告。

三、监理工程师应具备的主要能力

要做到有效地控制项目投资,监理工程师一般应具备以下主要能力:

(1) 监理工程师必须受过专门的设计训练,至少必须熟悉正在建设的项目的生产工艺过程,这样才有可能与设计师、承包商共同讨论技术问题。

（2）要了解工程和房屋建筑以及施工技术等知识，要掌握各分部工程所包括的具体项目，了解指定的设备和材料性能，并熟悉施工现场各工种的职能。

（3）能够采用现代经济分析方法，对拟建项目计算期（含建设期和生产期）内投入产出等诸多经济因素进行调查、预测、研究、计算和论证，从而选择、推荐较优方案作为投资决策的重要依据。

（4）能够运用价值工程等技术经济方法，组织评选设计方案，优化设计，使设计在达到必要功能前提下，有效地控制项目投资。

（5）具有对工程项目估价（含投资估算、设计概算、设计预算）的能力，当从设计方案和图纸中获得必要的信息以后，监理工程师的能力是使工作具体化并使他所估价的准确度控制在一定范围以内。从项目委托阶段一直到谈判结束以及安排好承包商的索赔，都需要做出不同深度的估价。因而估价是监理工程师最重要的专长之一，也是一个通过大量实践才可以学到的技巧。

（6）根据图纸和现场情况进行工程量计算的能力，也是估价前必不可少的，而做好此项工作不是那么容易的，计算实物工程量不是一般的数学计算，有许多应计价的项目隐含在图纸里。

（7）充分确切地理解合同协议，需要时，能对协议中的条款做出咨询，在可能引起争议的范围内，要有与承包商谈判的才能和技巧。

（8）对有关法律有确切的了解，不能期望监理工程师又是一个律师，但是他应该具有足够的法律基础知识，了解如何完成一项具有法律约束力的合同，以及合同各个部分所承担的义务。

（9）有获得价格和成本费用情报、资料的能力和使用这些资料的方法。这些资料有多种来源，包括公开发表的价目表和价格目录、工程报价、类似工程的造价资料、由专业团体出版的价格资料和政府发布的价格资料等，监理工程师应能熟练运用这些资料，并考虑到工程项目具体的地理位置、当地劳动力价格、到现场的运输条件和运费以及所得数据价格波动情况等，从而确定本工程项目的单价。

本 章 小 结

随着我国社会主义市场经济体制的建立，在建设领域推行以项目法人责任制、建设监理制和招标投标制等为主要内容的建设管理制度已初见成效，并逐步规范化。建设项目投资控制正是在这一体制形成和发展过程中新兴的一门经济管理科学。

本章系统地论述了我国建筑工程投资控制的理论，阐明了建设工程投资控制的内容和目标原理，以期使项目建设获得最佳的投资收益。

思 考 与 练 习

1. 什么是投资？投资的种类有哪些？
2. 基本建设包括几方面工作？基本建设项目是如何分类的？
3. 建筑工程计价有哪几种计价方法？都是如何计价的？
4. 建设工程投资控制的含义是什么？控制原理是什么？
5. 建设工程投资控制的手段与措施是什么？
6. 监理工程师在施工阶段进行投资控制的权限有哪些？

第二章　建设工程投资构成

第一节　我国现行投资构成及世界银行建设工程投资构成

一、我国现行投资的构成

建设项目投资含固定资产投资和流动资产投资两部分，建设项目总投资中的固定资产投资与建设项目的工程造价在量上相等。工程造价的构成按工程项目建设过程中各类费用支出或花费的性质、途径等来确定，是通过费用划分和汇集所形成的工程造价的费用分解结构。工程造价基本构成中，包括用于购买工程项目所需各种设备的费用，用于建筑施工和安装施工所需支出的费用，用于委托工程勘察设计应支付的费用，用于购置土地所需的费用，也包括用于建设单位自身进行项目筹建和项目管理所花费的费用等。总之，工程造价是工程项目按照确定的建设内容、建设规模、建设标准、功能要求和使用要求等全部建成并验收合格交付使用所需的全部费用。

我国现行工程造价的构成主要划分为设备及工、器具购置费用，建筑安装工程费用，工程建设其他费用，预备费，建设期贷款利息，固定资产投资方向调节税等几项。具体构成内容如图2-1所示。

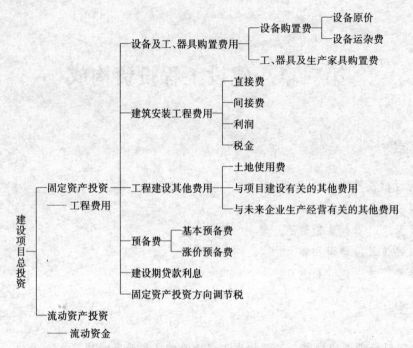

图 2-1　我国现行工程造价的构成

二、世界银行建设工程投资构成

1978 年，世界银行、国际咨询工程师联合会对项目的总建设成本（相当于我国的建设工程总投资）作了统一规定，其详细内容如下。

1. 项目直接建设成本

（1）土地征购费。

（2）场外设施费用，如道路、码头、桥梁、机场、输电线路等设施费用。

（3）场地费用，指用于场地准备、厂区道路、铁路、围栏、场内设施等的建设费用。

（4）工艺设备费，指主要设备、辅助设备及零配件的购置费用，包括海运包装费用、交货港离岸价，但不包括税金。

（5）设备安装费，指设备供应商的监理费用，本国劳务及工资费用，辅助材料、施工设备、消耗品和工具等费用，以及安装承包商的管理费和利润等。

（6）管理系统费用，指与系统的材料及劳务相关的全部费用。

（7）电气设备费，其内容与第（4）项相同。

（8）电气安装费，指设备供应商的监理费用，本国劳务及工资费用，辅助材料、电缆、管道和工具费用，以及营造承包商的管理费和利润。

（9）仪器仪表费，指所有自动仪表、控制板、配线和辅助材料的费用以及供应商的监理费用，外国及本国劳务及工资费用，承包商的管理费和利润。

（10）机械的绝缘和油漆费，指与机械及管道的绝缘和油漆相关的全部费用。

（11）工艺建筑费，指原材料、劳务费以及与基础、建筑结构、屋顶、内外装修、公共设施有关的全部费用。

（12）服务性建筑费，其内容与第（11）项相似。

（13）工厂普通公共设施费，包括材料和劳务费以及与供水、燃料供应、通风、蒸汽、下水道、污物处理等公共设施有关的费用。

（14）其他当地费用，指那些不能归类于以上任何一个项目，不能计入项目间接成本，但在建设期间又是必不可少的当地费用。如临时设备、临时公共设施及场地的维持费，营地设施及其管理，建筑保险和债券，杂项开支等费用。

2. 项目间接建设成本

项目间接建设成本包括以下方面。

（1）项目管理费。项目管理费包括如下四方面内容。

1）总部人员的薪金和福利费，以及用于初步和详细工程设计、采购、时间和成本控制、行政和其他一般管理的费用。

2）施工管理现场人员的薪金、福利费和用于施工现场监督、质量保证、现场采购、时间及成本控制、行政及其他施工管理机构的费用。

3）零星杂项费用，如返工、差旅、生活津贴、业务支出等。

4）各种酬金。

（2）开工试车费。指工厂投料试车必需的劳务和材料费用（项目直接成本包括项目完工后的试车和空运转费用）。

（3）业主的行政性费用。指业主的项目管理人员费用及支出（其中某些费用必须排除在外，并在"估算基础"中详细说明）。

（4）生产前费用。指前期研究、勘测、建矿、采矿等费用（其中一些费用必须排除在外，并在"估算基础"中详细说明）。

（5）运费和保险费。指海运、国内运输、许可证及佣金、海洋保险、综合保险等费用。

（6）地方税。指关税、地方税及对特殊项目征收的税金。

3. 应急费

应急费用包括以下方面。

（1）未明确项目的准备金。此项准备金用于在估算时不可能明确的潜在项目，包括那些在做成本估算时因为缺乏完整、准确和详细的资料，而不能完全预见和不能注明的项目，并且这些项目是必须完成的，或它们的费用是必定要发生的，在每一个组成部分中均单独以一定的百分比确定，并作为估算的一个项目单独列出。此项准备金不是为了支付工作范围以外可能增加的项目，不是用以应付天灾、非正常经济情况及罢工等情况，也不是用来补偿估算的任何误差，而是用来支付那些几乎可以肯定要发生的费用。因此，它是估算中不可缺少的一个组成部分。

（2）不可预见准备金。此项准备金（在"未明确项目准备金"之外）用于在估算达到了一定的完整性并符合技术标准的基础上，由于物质、社会和经济的变化，导致估算增加的情况。此种情况可能发生，也可能不发生。因此，"不可预见准备金"只是一种储备，可能不动用。

4. 建设成本上升费用

通常，估算中使用的构成工资率、材料和设备价格基础的截止日期就是"估算日期"。必须对该日期或已知成本基础进行调整，以补偿直至工程结束时的未知价格增长。

工程的各个主要组成部分（国内劳务和相关成本、本国材料、外国材料、本国设备、外国设备、项目管理机构）的细目划分确定以后，便可确定每一个主要组成部分的增长率。这个增长率是一项判断因素，它以已发表的国内和国际成本指数、公司记录等为依据，并与实际供应进行核对，然后根据确定的增长率和从工程进度表中获得的每项活动的中点值，计算出每项主要组成部分的成本上升值。

第二节　设备及工、器具购置费的构成及计算

一、设备购置费的构成及计算

设备购置费是指为建设工程购置或自制的达到固定资产标准的设备、工具、器具的费用。设备购置费包括设备原价和设备运杂费，即：

设备购置费＝设备原价（或进口设备抵岸价）＋设备运杂费

上式中，设备原价指国产标准设备、非标准设备的原价。设备运杂费指除设备原价之外的关于设备采购、运输、途中包装及仓库保管等方面支出的费用的总和。

1. 国产设备原价的构成及计算

国产设备原价一般指的是设备制造厂的交货价，即出厂价，或订货合同价。它一般根据生产厂或供应商的询价、报价、合同价确定，或采用一定的方法计算确定。国产设备原价分为国产标准设备原价和国产非标准设备原价。

（1）国产标准设备原价。国产标准设备是按照主管部门颁布的标准图纸和技术要求，由我国设备生产厂批量生产的，符合国家质量检验标准的设备。国产标准设备原价一般指的是设备制造厂的交货价，即出厂价。有的设备有两种出厂价，即带有备件的出厂价和不带备件的出厂价。在计算设备原价时，一般按带有备件的出厂价计算。

（2）国产非标准设备原价。国产非标准设备是指国家尚无定型标准，各设备生产厂不可能在工艺过程中采用批量生产，只能按一次订货，并根据具体的设计图纸制造的设备。非标准设备原价有多种不同的计算方法，如成本计算估价法、系列设备插入估价法、分部组合估价法、定额估价法等。但无论采用哪种方法，都应该使非标准设备计价接近实际出厂价，并

且计算方法要简便。按成本计算估价法，非标准设备的原价由以下各项组成：

1）材料费。其计算公式如下：

$$材料费＝每吨材料综合价×材料净质量×（1＋加工损耗系数）$$

式中：材料净质量是指根据设备设计图纸中各种零件的理论质量计算的净质量。计算材料净质量时不包括以下内容。

①设备壳体、槽罐所需的防腐衬里，如衬胶、衬塑料、衬瓷板、衬耐酸砖等。

②设备保温材料，如石棉粉、棉毡等。

③设备的各种填料，如石墨、塑料球等。

④外购配套件及设备本体以外的配套设备与管线等。

2）加工费。包括生产工人工资和工资附加费、燃料动力费、设备折旧费、车间经费等。其计算公式如下：

$$加工费＝设备每吨加工费×设备总质量（吨）$$

式中：设备总质量包括外购配套件的质量，但不包括在材料净质量中设备的防腐衬里、设备保温材料、设备的各种填料的质量。

设备每吨加工费按设备种类和质量，规定了不同的取费标准。

3）辅助材料费（简称辅材费）。包括焊条、焊丝、氧气、氩气、氮气、油漆、电石等费用。其计算公式如下：

$$辅助材料费＝辅助材料费指标×设备总质量$$

4）专用工具费。按1）～3）项之和乘以一定百分比计算。

5）废品损失费。按1）～4）项之和乘以一定百分比计算。

6）外购配套件费。按设备设计图纸所列的外购配套件的名称、型号、规格、数量、质量，根据相应的价格加运杂费计算。

7）包装费。按以上1）～6）项之和乘以一定百分比计算。

8）利润。可按1）～5）项加第7）项之和乘以一定利润率计算。

9）税金。主要指增值税。计算公式为：

$$增值税＝当期销项税额－进项税额$$
$$当期销项税额＝销售额×适用增值税率$$

其中销售额为1）～8）项之和。

10）非标准设备设计费：按国家规定的设计费收费标准计算。

综上所述，单台非标准设备原价可用下面的公式表示：

单台非标准设备原价＝｛［（材料费＋加工费＋辅助材料费）×（1＋专用工具费率）×（1＋废品损失费率）＋外购配套件费］×（1＋包装费率）－外购配套件费｝×（1＋利润率）＋销项税金＋非标准设备设计费＋外购配套件费

系列设备插入估价法就是在系列（或类似）设备产品中，找出和所估价的非标准设备毗邻的，即比其稍大或稍小的设备价格及质量，按插入法计算的方法。公式表示如下：

$$P=\frac{P_1/Q_1+P_2/Q_2}{2}\times Q$$

式中　P——拟计算的设备价格（元/台）；

　　　Q——拟计算的设备质量（吨）；

P_1、P_2——与拟计算设备相邻的设备价格（元/台）；

Q_1、Q_2——与拟计算设备相邻的设备质量（吨）。

2. 进口设备原价的构成及计算

进口设备的原价是指进口设备的抵岸价，即抵达买方边境港口或边境车站，且交完关税等税费后形成的价格。进口设备抵岸价的构成与进口设备的交货类别有关。

（1）进口设备的交货类别。进口设备的交货类别可分为内陆交货类、目的地交货类、装运港交货类（表2-1）。

表 2-1　进口设备的交货类别

序号	交货类别	说　　明
1	内陆交货类	内陆交货类即卖方在出口国内陆的某个地点交货。在交货地点，卖方及时提交合同规定的货物和有关凭证，并负担交货前的一切费用和风险；买方按时接收货物，交付货款，负担接货后的一切费用和风险，并自行办理出口手续和装运出口。货物的所有权也在交货后由卖方转移给买方
2	目的地交货类	目的地交货类即卖方在进口国的港口或内地交货，有目的港船上交货价、目的港船边交货价（FOS）和目的港码头交货价（关税已付）及完税后交货价（进口国的指定地点）等几种交货价。它们的特点是：买卖双方承担的责任、费用和风险是以目的地约定交货点为分界线。只有当卖方在交货点将货物置于买方控制下才算交货，才能向买方收取货款。这种交货类别对卖方来说承担的风险较大，在国际贸易中卖方一般不愿采用
3	装运港交货类	装运港交货类即卖方在出口国装运港交货，主要有装运港船上交货价（FOB），习惯称离岸价格；运费在内价（CFR）和运费、保险费在内价（CIF），习惯称到岸价格。它们的特点是：卖方按照约定的时间在装运港交货，只要卖方把合同规定的货物装船后提供货运单据便完成交货任务，可凭单据收回货款。 　装运港船上交货价（FOB）是我国进口设备采用最多的一种货价。采用船上交货价时卖方的责任是：在规定的期限内，负责在合同规定的装运港口将货物装上买方指定的船只，并及时通知买方；负担货物装船前的一切费用和风险，负责办理出口手续；提供出口国政府或有关方面签发的证件；负责提供有关装运单据。买方的责任是：负责租船或订舱，支付运费，并将船期、船名通知卖方；负担货物装船后的一切费用和风险；负责办理保险及支付保险费，办理在目的港的进口和收货手续；接受卖方提供的有关装运单据，并按合同规定支付货款

（2）进口设备抵岸价的构成及计算。进口设备采用最多的是装运港船上交货价（FOB），其抵岸价的构成可用公式表示为：

$$进口设备抵岸价＝货价＋国际运费＋运输保险费＋银行财务费＋外贸手续费＋$$
$$关税＋增值税＋消费税＋海关监管手续费＋车辆购置附加费$$

1）货价。一般指装运港船上交货价（FOB）。设备货价分为原币货价和人民币货价。原币货价一律折算为美元表示，人民币货价按原币货价乘以外汇市场美元兑换人民币中间价确定。进口设备货价按有关生产厂商询价、报价、订货合同价计算。

2）国际运费。即从装运港（站）到达我国抵达港（站）的运费。我国进口设备大部分采用海洋运输，小部分采用铁路运输，个别采用航空运输。进口设备国际运费计算公式为：

$$国际运费（海、陆、空）＝原币货价（FOB）×运费率$$
$$国际运费（海、陆、空）＝运量×单位运价$$

其中，运费率或单位运价参照有关部门或进出口公司的规定执行。

3）运输保险费。对外贸易货物运输保险是由保险人（保险公司）与被保险人（出口人或进口人）订立保险契约，在被保险人交付议定的保险费后，保险人根据保险契约的规定对货物在运输过程中发生的承保责任范围内的损失给予经济上的补偿。这是一种财产保险。计算公式为：

$$运输保险费＝\frac{原币货价（FOB）＋国外运费}{1－保险费率}×保险费率$$

其中，保险费率按保险公司规定的进口货物保险费率计算。

4）银行财务费。一般是指中国银行手续费，可按下式简化计算：

$$银行财务费＝人民币货价（FOB）×银行财务费率$$

5）外贸手续费。指按商务部规定的外贸手续费率计取的费用，外贸手续费率一般取1.5%。计算公式为：

$$外贸手续费＝［装运港船上交货价（FOB）＋国际运费＋运输保险费］×外贸手续费率$$

6）关税。由海关对进出国境或关境的货物和物品征收的一种税。计算公式为：

$$关税＝到岸价格（CIF）×进口关税税率$$

其中，到岸价格（CIF）包括离岸价格（FOB）、国际运费、运输保险费等费用，它作为关税完税价格。进口关税税率分为优惠和普通两种。优惠税率适用于与我国签订有关税互惠条款的贸易条约或协定国家的进口设备；普通税率适用于与我国未订有关税互惠条款的贸易条约或协定的国家的进口设备。进口关税税率按我国海关总署发布的进口关税税率计算。

7）增值税。是对从事进口贸易的单位和个人，在进口商品报关进口后征收的税种。我国增值税条例规定，进口应税产品均按组成计税价格和增值税税率直接计算应纳税额。即：

$$进口产品增值税额＝组成计税价格×增值税税率$$
$$组成计税价格＝关税完税价格＋关税＋消费税$$

增值税税率根据规定的税率计算。

8）消费税。对部分进口设备（如轿车、摩托车等）征收，一般计算公式为：

$$应纳消费税额＝\frac{到岸价＋关税}{1－消费税税率}×消费税税率$$

其中，消费税税率根据规定的税率计算。

9）海关监管手续费。指海关对进口减税、免税、保税货物实施监督、管理、提供服务的手续费。对于全额征收进口关税的货物不计本项费用。其公式如下：

$$海关监管手续费＝到岸价×海关监管手续费率（一般为 0.3\%）$$

10）车辆购置附加费。指进口车辆需缴进口车辆购置附加费。其公式如下：

$$进口车辆购置附加费＝（到岸价＋关税＋消费税＋增值税）×进口车辆购置附加费率$$

3. 设备运杂费的构成及计算

设备运杂费是指设备由制造厂仓库或交货地点，运至施工工地仓库或设备存放地点（该地点与安装地点的距离应在安装工程预算定额包括的运距范围之内），所发生的运输及杂项费用。

设备运杂费包括以下内容。

（1）运费和装卸费。国产设备由设备制造厂交货地点起，至工地仓库（或施工组织设计指定的需要安装设备的堆放地点）止所发生的运费和装卸费；进口设备则由我国到岸港口或边境车站起，至工地仓库（或施工组织设计指定的需安装设备的堆放地点）止所发生的运费和装卸费。

（2）包装费。在设备原价中没有包含的、为运输而进行的包装支出的各种费用。

（3）设备供销部门的手续费。按有关部门规定的统一费率计算。

（4）采购与仓库保管费。指采购、验收、保管和收发设备所发生的各种费用，包括设备采购人员、保管人员和管理人员的工资、工资附加费、办公费、差旅交通费，设备供应部门办公和仓库所占固定资产使用费、工具用具使用费、劳动保护费、检验试验费等。这些费用可按主管部门规定的采购与保管费费率计算。

设备运杂费按设备原价乘以设备运杂费率计算，其公式为：

$$设备运杂费＝设备原价×设备运杂费率$$

其中，设备运杂费率按各部门及省、市等的规定计取。

二、工、器具及生产家具购置费的构成及计算

工具、器具及生产家具购置费，是指新建或扩建项目初步设计规定的，保证初期正常生产必须购置的、没有达到固定资产标准的设备、仪器、工卡模具、器具、生产家具和备品备件等的购置费用。一般以设备购置费为计算基数，按照部门或行业规定的工具、器具及生产家具费率计算。计算公式为：

$$工具、器具及生产家具购置费＝设备购置费×定额费率$$

第三节 建筑安装工程费用项目

一、建筑安装工程费用项目组成及其内容

根据 2004 年 1 月 1 日起施行的《建筑安装工程费用项目组成》，建筑安装工程费用项目组成如图 2-2 所示。

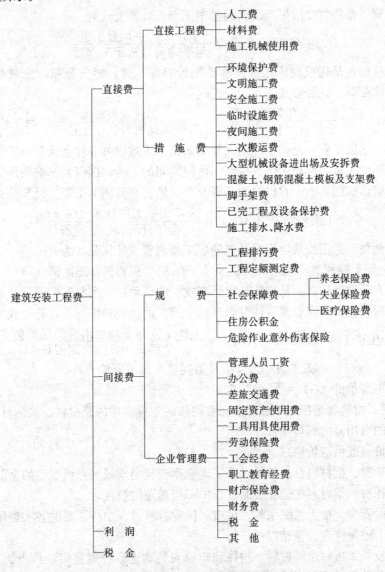

图 2-2 建筑安装工程费用项目组成

1. 直接费

直接费由直接工程费和措施费组成。

（1）直接工程费。是指施工过程中耗费的构成工程实体的各项费用，包括人工费、材料费、施工机械使用费。

1）人工费。人工费是指直接从事建筑安装工程施工的生产工人开支的各项费用，内容包括如下几项。

① 基本工资：是指发放给生产工人的基本工资。计算公式为：

$$基本工资（G_1）= \frac{生产工人平均月工资}{年平均每月法定工作日}$$

② 工资性补贴：是指按规定标准发放的物价补贴，煤、燃气补贴，交通补贴，住房补贴，流动施工津贴等。计算公式为：

$$工资性补贴（G_2）= \frac{\sum 年发放标准}{全年日历日-法定假日} + \frac{\sum 月发放标准}{年平均每月法定工作日} + 每工作日发放标准$$

③ 生产工人辅助工资：是指生产工人年有效施工天数以外非作业天数的工资，包括职工学习、培训期间的工资，调动工作、探亲、休假期间的工资，因气候影响的停工工资，女工哺乳时间的工资，病假在六个月以内的工资及产、婚、丧假期的工资。计算公式为：

$$生产工人辅助工资（G_3）= \frac{全年无效工作日 \times （G_1+G_2）}{全年日历日-法定假日}$$

④ 职工福利费：是指按规定标准计提的职工福利费。计算公式为：

$$职工福利费（G_4）=（G_1+G_2+G_3）\times 福利费计提比例（\%）$$

⑤ 生产工人劳动保护费：是指按规定标准发放的劳动保护用品的购置费及修理费，徒工服装补贴，防暑降温费，在有碍身体健康环境中施工的保健费用等。计算公式为：

$$生产工人劳动保护费（G_5）= \frac{生产工人年平均支出劳动保护费}{全年日历日-法定假日}$$

$$人工费=\sum（工日消耗量 \times 日工资单价）$$

式中，日工资单价$（G）= \sum_1^5 G_i$。

2）材料费。材料费是指施工过程中耗费的构成工程实体的原材料、辅助材料、构配件、零件、半成品的费用。内容包括：

① 材料原价（或供应价格）。

② 材料运杂费。指材料自来源地运至工地仓库或指定堆放地点所发生的全部费用。

③ 运输损耗费。指材料在运输装卸过程中不可避免的损耗。

④ 采购及保管费。指为组织采购、供应和保管材料过程中所需要的各项费用，包括采购费、仓储费、工地保管费、仓储损耗。

⑤ 检验试验费。指对建筑材料、构件和建筑安装物进行一般鉴定、检查所发生的费用，包括自设试验室进行试验所耗用的材料和化学药品等费用。不包括新结构、新材料的试验费

和建设单位对具有出厂合格证明的材料进行检验，对构件做破坏性试验及其他特殊要求检验试验的费用。

$$材料费＝\sum（材料消耗量×材料基价）＋检验试验费$$

材料基价＝（供应价格＋运杂费）×［1＋运输损耗率（%）］×［1＋采购保管费率（%）］

$$检验试验费＝\sum（单位材料量检验试验费×材料消耗量）$$

3）施工机械使用费。施工机械使用费是指施工机械作业所发生的机械使用费以及机械安拆费和场外运费。

施工机械台班单价应由下列七项费用组成：

①折旧费。指施工机械在规定的使用年限内，陆续收回其原值及购置资金的时间价值。

②大修理费。指施工机械按规定的大修理间隔台班进行必要的大修理，以恢复其正常功能所需的费用。

③经常修理费。指施工机械除大修理以外的各级保养和临时故障排除所需的费用。包括为保障机械正常运转所需替换设备与随机配备工具附具的摊销和维护费用，机械运转中日常保养所需润滑与擦拭的材料费用及机械停滞期间的维护和保养费用等。

④安拆费及场外运费。安拆费指施工机械在现场进行安装与拆卸所需的人工、材料、机械和试运转费用以及机械辅助设施的折旧、搭设、拆除等费用；场外运费指施工机械整体或分体自停放地点运至施工现场或由一施工地点运至另一施工地点的运输、装卸、辅助材料及架线等费用。

⑤人工费。指机上司机（司炉）和其他操作人员的工作日人工费及上述人员在施工机械规定的年工作台班以外的人工费。

⑥燃料动力费。指施工机械在运转作业中所消耗的固体燃料（煤、木柴）、液体燃料（汽油、柴油）及水、电等。

⑦车船使用税。指施工机械按照国家规定和有关部门规定应缴纳的车船使用税、保险费及年检费等。

$$施工机械使用费＝\sum（施工机械台班消耗量×机械台班单价）$$

式中，台班单价＝台班折旧费＋台班大修费＋台班经常修理费＋台班安拆费及场外运费＋台班人工费＋台班燃料动力费＋台班车船使用税

（2）措施费。措施费是指为完成工程项目施工，发生于该工程施工前和施工过程中非工程实体项目的费用。内容包括：

1）环境保护费。环境保护费是指施工现场为达到环保部门要求所需要的各项费用。其计算公式为：

$$环境保护费＝直接工程费×环境保护费费率（%）$$

$$环境保护费费率（%）＝\frac{本项费用年度平均支出}{全年建安产值×直接工程费占总造价比例（%）}$$

2）文明施工费。文明施工费是指施工现场文明施工所需要的各项费用。其计算公式为：

$$文明施工费＝直接工程费×文明施工费费率（\%）$$

$$文明施工费费率（\%）＝\frac{本项费用年度平均支出}{全年建安产值×直接工程费占总造价比例（\%）}$$

3）安全施工费。安全施工费是指施工现场安全施工所需要的各项费用。其计算公式为：

$$安全施工费＝直接工程费×安全施工费费率（\%）$$

$$安全施工费费率（\%）＝\frac{本项费用年度平均支出}{全年建安产值×直接工程费占总造价比例（\%）}$$

4）临时设施费。临时设施费是指施工企业为进行建筑工程施工所必须搭设的生活和生产用的临时建筑物、构筑物和其他临时设施费用等。

临时设施包括：临时宿舍、文化福利及公用事业房屋与构筑物、仓库、办公室、加工厂以及规定范围内道路、水、电、管线等临时设施和小型临时设施。

临时设施费用包括：临时设施的搭设、维修、拆除费或摊销费。

临时设施费由以下三部分组成：

①周转使用临建（如活动房屋）；

②一次性使用临建（如简易建筑）；

③其他临时设施（如临时管线）。

$$临时设施费＝（周转使用临建费＋一次性使用临建费）×[1＋其他临时设施所占比例（\%）]$$

其中：

$$周转使用临建费＝\sum\left[\frac{临建面积×每平方米造价}{使用年限×365×利用率（\%）}×工期（天）\right]＋一次性拆除费$$

$$一次性使用临建费＝\sum 临建面积×每平方米造价×[1－残值率（\%）]＋一次性拆除费$$

其他临时设施所占比例，可由各地区造价管理部门依据典型施工企业的成本资料经分析后综合测定。

5）夜间施工费。夜间施工费是指因夜间施工所发生的夜班补助费、夜间施工降效、夜间施工照明设备摊销及照明用电等费用。其计算公式为：

$$夜间施工增加费＝\left(1－\frac{合同工期}{定额工期}\right)×\frac{直接工程费中的人工费合计}{平均日工资单价}×每工日夜间施工费开支$$

6）二次搬运费。二次搬运费是指因施工场地狭小等特殊情况而发生的二次搬运费用。其计算公式为：

$$二次搬运费＝直接工程费×二次搬运费费率（\%）$$

$$二次搬运费费率（\%）＝\frac{年平均二次搬运费开支额}{全年建安产值×直接工程费占总造价的比例（\%）}$$

7）大型机械设备进出场及安拆费。大型机械设备进出场及安拆费是指机械整体或分体自停放场地运至施工现场或由一个施工地点运至另一个施工地点，所发生的机械进出场运输、转移费用及机械在施工现场进行安装、拆卸所需的人工费、材料费、机械费、试运转费和安装所需的辅助设施费用。其计算公式为：

$$大型机械进出场及安拆费 = \frac{一次进出场及安拆费 \times 年平均安拆次数}{年工作台班}$$

8）混凝土、钢筋混凝土模板及支架费。混凝土、钢筋混凝土模板及支架费是指混凝土施工过程中需要的各种钢模板、木模板、支架等的支、拆、运输费用及模板、支架的摊销（或租赁）费用。其计算公式为：

①模板及支架费 = 模板摊销量 × 模板价格 + 支、拆、运输费

其中，摊销量 = 一次使用量 × （1 + 施工损耗）× ［1 + （周转次数 - 1）×

补损率/周转次数 - （1 - 补损率）50%/周转次数］

②租赁费 = 模板使用量 × 使用日期 × 租赁价格 + 支、拆、运输费

9）脚手架费。脚手架费是指施工需要的各种脚手架搭、拆、运输费用及脚手架的摊销（或租赁）费用。其计算公式为：

①脚手架搭拆费 = 脚手架摊销量 × 脚手架价格 + 搭、拆、运输费

$$其中，脚手架摊销量 = \frac{单位一次使用量 \times （1 - 残值率）}{耐用期/一次使用期}$$

②租赁费 = 脚手架每日租金 × 搭设周期 + 搭、拆、运输费

10）已完工程及设备保护费。已完工程及设备保护费是指竣工验收前，对已完工程及设备进行保护所需费用。其计算公式为：

$$已完工程及设备保护费 = 成品保护所需机械费 + 材料费 + 人工费$$

11）施工排水、降水费。施工排水、降水费是指为确保工程在正常条件下施工，采取各种排水、降水措施所发生的各种费用。其计算公式为：

排水降水费 = Σ排水降水机械台班费 × 排水降水周期 + 排水降水使用材料费、人工费

对于措施费的计算，本书中只列出通用措施费项目的计算方法，各专业工程的专用措施费项目的计算方法由各地区或国务院有关专业主管部门的工程造价管理机构自行制定。

2. 间接费

间接费由规费、企业管理费组成。

（1）规费。规费是指政府和有关权力部门规定必须缴纳的费用（简称规费）。包括：

1）工程排污费：是指施工现场按规定缴纳的工程排污费。

2）工程定额测定费：是指按规定支付工程造价（定额）管理部门的定额测定费。

3）社会保障费，包括：

①养老保险费：是指企业按规定标准为职工缴纳的基本养老保险费。

②失业保险费：是指企业按照国家规定标准为职工缴纳的失业保险费。

③医疗保险费：是指企业按照规定标准为职工缴纳的基本医疗保险费。

4）住房公积金：是指企业按规定标准为职工缴纳的住房公积金。

5）危险作业意外伤害保险费：是指按照建筑法规定，企业为从事危险作业的建筑安装施工人员支付的意外伤害保险费。

规费费率的计算公式：

1）以直接费为计算基础：

$$规费费率（\%）=\frac{\sum 规费缴纳标准 \times 每万元发承包价计算基数}{每万元发承包价中的人工费含量} \times 人工费占直接费的比例（\%）$$

2）以人工费和机械费合计为计算基础：

$$规费费率（\%）=\frac{\sum 规费缴纳标准 \times 每万元发承包价计算基数}{每万元发承包价中的人工费含量和机械费含量} \times 100\%$$

3）以人工费为计算基础：

$$规费费率（\%）=\frac{\sum 规费缴纳标准 \times 每万元发承包价计算基数}{每万元发承包价中的人工费含量} \times 100\%$$

（2）企业管理费。企业管理费是指建筑安装企业组织施工生产和经营管理所需费用。内容包括：

1）管理人员工资：是指管理人员的基本工资、工资性补贴、职工福利费、劳动保护费等。

2）办公费：是指企业管理办公用的文具、纸张、账表、印刷、邮电、书报、会议、水电、烧水和集体取暖（包括现场临时宿舍取暖）用煤等费用。

3）差旅交通费：是指职工因公出差、调动工作的差旅费、住勤补助费，市内交通费和午餐补助费，职工探亲路费，劳动力招募费，职工离退休、退职一次性路费，工伤人员就医路费，工地转移费以及管理部门使用的交通工具的油料、燃料及牌照费。

4）固定资产使用费：是指管理和试验部门及附属生产单位使用的属于固定资产的房屋、设备仪器等的折旧、大修、维修或租赁费。

5）工具用具使用费：是指管理使用的不属于固定资产的生产工具、器具、家具、交通工具和检验、试验、测绘、消防用具等的购置、维修和摊销费。

6）劳动保险费：是指由企业支付离退休职工的易地安家补助费、职工退职金、六个月以上的病假人员工资、职工死亡丧葬补助费、抚恤费、按规定支付给离休干部的各项经费。

7）工会经费：是指企业按职工工资总额计提的工会经费。

8）职工教育经费：是指企业为职工学习先进技术和提高文化水平，按职工工资总额计提的费用。

9）财产保险费：是指施工管理用财产、车辆保险。

10) 财务费：是指企业为筹集资金而发生的各种费用。

11) 税金：是指企业按规定缴纳的房产税、车船使用税、土地使用税、印花税等。

12) 其他：包括技术转让费、技术开发费、业务招待费、绿化费、广告费、公证费、法律顾问费、审计费、咨询费等。

企业管理费费率计算公式：

1) 以直接费为计算基础：

$$企业管理费费率（\%）=\frac{生产工人年平均管理费}{年有效施工天数×人工单价}×人工费占直接费比例（\%）$$

2) 以人工费和机械费合计为计算基础：

$$企业管理费费率（\%）=\frac{生产工人年平均管理费}{年有效施工天数×（人工单价＋每工日机械使用费）}×100\%$$

3) 以人工费为计算基础：

$$企业管理费费率（\%）=\frac{生产工人年平均管理费}{年有效施工天数×人工单价}×100\%$$

3. 利润

利润是指施工企业完成所承包工程获得的盈利，按照不同的计价程序，利润的形成也有所不同。在编制概算和预算时，依据不同投资来源、工程类别实行差别利润率。随着市场经济的进一步发展，企业决定利润率不平的自主权将会更大。在投标报价时，企业可以根据工程的难易程度、市场竞争情况和自身的经营管理水平自行确定合理的利润率。

4. 税金

税金是指国家税法规定的应计入建筑安装工程造价内的营业税、城市维护建设税及教育费附加等。

根据 2009 年 1 月 1 日起施行的《中华人民共和国营业税暂行条例》，建筑业的营业税税额为营业额的 3％。营业额是指纳税人从事建筑、安装、修缮、装饰及其他工程作业收取的全部收入，还包括建筑、修缮、装饰工程所用原材料及其他物质和动力的价款在内，当安装的设备的价值作为安装工程产值时，也包括所安装设备的价款。但建筑工程分包给其他单位的，以其取得的全部价款和折价费用扣除其支付给其他单位的分包款后的余额作为营业额。

城市建设维护税。纳税人所在地为市区的，按营业税的 7％征收；纳税人所在地为县城镇，按营业税的 5％征收；纳税人所在地不为市区县城镇的，按营业税的 1％征收，并与营业税同时交纳。

教育费附加一律按营业税的 3％征收，也同营业税同时交纳。即使办有职工子弟学校的建筑安装企业，也应当先交纳教育费附加，教育部门可根据企业的办学情况，酌情返还给办学单位，作为对办学经费的补贴。

（1）税金计算公式。

$$税金＝（税前造价＋利润）×税率（\%）$$

（2）税率的计算公式。

1）纳税地点在市区的企业：

$$税率（\%）＝\frac{1}{1-3\%-（3\%×7\%）-（3\%×3\%）}-1$$

2）纳税地点在县城、镇的企业：

$$税率（\%）＝\frac{1}{1-3\%-（3\%×5\%）-（3\%×3\%）}-1$$

3）纳税地点不在市区、县城、镇的企业：

$$税率（\%）＝\frac{1}{1-3\%-（3\%×1\%）-（3\%×3\%）}-1$$

二、建筑安装工程计价程序

根据原建设部第 107 号部令《建筑工程施工发包与承包计价管理办法》的规定，发包与承包价的计算方法分为工料单价法和综合单价法，计价程序如下所述。

1. 工料单价法计价程序

工料单价法是以分部分项工程量乘以单价后的合计为直接工程费，直接工程费以人工、材料、机械的消耗量及其相应价格确定。直接工程费汇总后另加间接费、利润、税金生成工程发承包价，其计算程序分为三种。

（1）以直接费为计算基础（表 2-2）。

表 2-2　以直接费为基础的工料单价法计价程序

序　号	费　用　项　目	计　算　方　法	备　注
1	直接工程费	按预算表	
2	措施费	按规定标准计算	
3	小计	1＋2	
4	间接费	3×相应费率	
5	利润	（3＋4）×相应利润率	
6	合计	3＋4＋5	
7	含税造价	6×（1＋相应税率）	

（2）以人工费和机械费为计算基础（表 2-3）。

表 2-3　以人工费和机械费为基础的工料单价法计价程序

序　号	费　用　项　目	计　算　方　法	备　注
1	直接工程费	按预算表	
2	直接工程费中的人工费和机械费	按预算表	
3	措施费	按规定标准计算	
4	措施费中的人工费和机械费	按规定标准计算	
5	小计	1+3	
6	人工费和机械费小计	2+4	
7	间接费	6×相应费率	
8	利润	6×相应利润率	
9	合计	5+7+8	
10	含税造价	9×（1+相应税率）	

（3）以人工费为计算基础（表 2-4）。

表 2-4　以人工费为基础的工料单价法的计价程序

序　号	费　用　项　目	计　算　方　法	备　注
1	直接工程费	按预算表	
2	直接工程费中的人工费	按预算表	
3	措施费	按规定标准计算	
4	措施费中的人工费	按规定标准计算	
5	小计	1+3	
6	人工费小计	2+4	
7	间接费	6×相应费率	
8	利润	6×相应利润率	
9	合计	5+7+8	
10	含税造价	9×（1+相应税率）	

2. 综合单价法计价程序

综合单价法的分部分项工程单价为全费用单价，全费用单价经综合计算后生成，其内容包括直接工程费、间接费、利润和税金（措施费也可按此方法生成全费用价格）。

各分项工程量乘以综合单价的合价汇总后，生成工程发承包价。

由于各分部分项工程中的人工、材料、机械含量的比例不同，各分项工程可根据其材料费占人工费、材料费、机械费合计的比例（以字母"C"代表该项比值）在以下三种计算程序中选择一种计算其综合单价。

（1）当 $C>C_0$（C_0 为本地区原费用定额测算所选典型工程材料费占人工费、材料费、和机械费合计的比例）时，可采用以人工费、材料费、机械费合计为基数计算该分项的间接费和利润（表 2-5）。

表 2-5 以直接费为基础的综合单价法计价程序

序　号	费　用　项　目	计　算　方　法	备　注
1	分项直接工程费	人工费＋材料费＋机械费	
2	间接费	1×相应费率	
3	利润	（1＋2）×相应利润率	
4	合计	1＋2＋3	
5	含税造价	4×（1＋相应税率）	

（2）当 $C<C_0$ 值的下限时，可采用以人工费和机械费合计为基数计算该分项的间接费和利润（表 2-6）。

表 2-6 以人工费和机械费为基础的综合单价计价程序

序　号	费　用　项　目	计　算　方　法	备　注
1	分项直接工程费	人工费＋材料费＋机械费	
2	分项直接工程费中的人工费和机械费	人工费＋机械费	
3	间接费	2×相应费率	
4	利润	2×相应利润率	
5	合计	1＋3＋4	
6	含税造价	5×（1＋相应税率）	

（3）如该分项的直接费仅为人工费，无材料费和机械费，则可采用以人工费为基数计算该分项的间接费和利润（表 2-7）。

表 2-7 以人工费为基础的综合单价计价程序

序　号	费　用　项　目	计　算　方　法	备　注
1	分项直接工程费	人工费＋材料费＋机械费	
2	直接工程费中的人工费	人工费	
3	间接费	2×相应费率	
4	利润	2×相应利润率	
5	合计	1＋3＋4	
6	含税造价	5×（1＋相应税率）	

三、国际建筑安装工程费用的构成

国际建筑安装工程费用的构成与我国的情况大致相同，尤其是直接费的计算基本一致。但是由于历史的原因，国际基本上是市场经济条件下的计算习惯，并以西方经济学为依据，为竞争的目的而估价；而我国却是在计划经济下，按固定价格进行预算而进行的计价习惯，故在构成上还是有差异的。国际建筑安装工程费用的构成也不尽相同，大致可用图 2-3 表示。

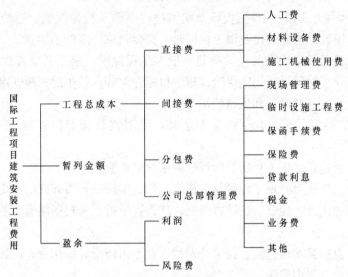

图 2-3　国际工程项目建筑安装工程费用构成

1. 直接费

直接费是指直接用于工程的人工费、材料设备费和施工机械使用费。

（1）人工费。指直接从事施工以及附属辅助性生产的工人工资，包括国内工人工资、外籍工人工资，但不包括管理人员、后勤服务人员工资。

（2）材料设备费。指用于永久工程的所有建筑材料、设备的费用。材料设备采购的途径不同，其费用构成也不同，但均应包括材料设备的购买价格以及从采购地到达工程现场过程中所发生的运输费、保管费等其他费用。

（3）施工机械使用费。指用于施工的各类机械、装备的使用费，包括机械的基本折旧费、安装拆卸费、维修费、机械保险费、燃料动力费以及驾驶操作人工费等。

2. 间接费

国际工程的间接费项目较多，但并无统一的规定，经常遇到的费用项目包括以下内容。

（1）现场管理费。指除了直接用于各分部分项工程施工所需的人工、材料设备和施工机械等开支之外的，为工程现场管理所需要的各项开支项目。一般包括：管理人员和后勤服务人员工资、办公费、差旅交通费、医疗费、劳动保护费、固定资产折旧费、工具用具使用费、检验试验费、其他费用。

（2）临时设施工程费。临时设施工程费用包括生活用房、生产用房和室外工程等临时房屋的建设费（或房租）、水、电、暖、卫及通信设施费等。

（3）保函手续费。国际工程招投标及实施过程中涉及投标保函、履约保函、预付款保函、维修保函。银行为承包商出具以上保函时，都要收取一定的手续费。

（4）保险费。国际工程中的保险项目一般有工程保险、第三者责任保险、机动车辆保险、人身意外保险、材料设备运输保险、施工机械保险等，其中后三项保险的费用已分别计入直接费中的人工、材料设备和机械使用费。

（5）贷款利息。承包商本身资金不足时，要用银行贷款组织施工，需向银行支付利息。

（6）税金。承包商应依工程所在国税收制度交纳税额。

（7）业务费。包括为监理工程师创造现场工作、生活条件而开支的费用，为争取中标或加快收取工程款的代理人佣金、法律顾问费、广告宣传费、考察联络费、业务资料费、咨询费等。

（8）其他。包括技术转让费、技术开发费、业务招待费、绿化费、广告费、公证费、法律顾问费、审计费、咨询费等。

3. 分包费

分包费由分包商的报价加总包管理费构成。

4. 公司总部管理费

公司总部管理费也称为公司管理费或上级管理费，是公司为承包工程提供服务而收取的一项费用。公司总部管理费包括总部人员工资、行政管理费用、办公室的租金、邮政通信费用、电费、暖气费、修理费、车辆使用费、办公用品费、财务费用等。

5. 暂列金额

"暂列金额"是指包括在合同中，供工程任何部分的施工，或提供货物、材料、设备、服务，或提供不可预料事件之费用的一项金额。暂列金额是业主方的备用金。这是由业主的咨询工程师事先确定并填入招标文件中的金额。

6. 盈余

盈余包括利润和风险费。利润对于业主来说是允许的利润，对投标者而言则是计划利润。风险费也称不可预见费，或称意外费。承包商承受来自气候、通货膨胀、合同条件、币值波动等的风险，为防范风险所需要的各项费用以及补偿费用计入标价中。

第四节　工程建设其他费用的构成

工程建设其他费用是指从工程筹建到工程竣工验收交付使用的整个建设期间，除建筑安装工程费用和设备、工器具购置费以外的，为保证工程建设顺利完成和交付使用后能够正常发挥效用而发生的一些费用。

工程建设其他费用，按其内容大体可分为三类。第一类为土地使用费，由于工程项目固定于一定地点与地面相连接，必须占用一定量的土地，也就必然要发生为获得建设用地而支付的费用；第二类是与项目建设有关的费用；第三类是与未来企业生产和经营活动有关的费用。

一、土地使用费

任何一个建设项目都固定于一定地点与地面相连接，必须占用一定量的土地，也就必然要发生为获得建设用地而支付的费用，这就是土地使用费。它是指通过划拨方式取得土地使用权而支付的土地征用及迁移补偿费，或者通过土地使用权出让方式取得土地使用权而支付的土地使用权出让金。

1. 土地征用及迁移补偿费

土地征用及迁移补偿费，是指建设项目通过划拨方式取得无限期的土地使用权，依照《中华人民共和国土地管理法》等规定所支付的费用。其总和一般不得超过被征土地年产值的 20 倍，土地年产值则按该地被征用前 3 年的平均产量和国家规定的价格计算。其内容包括如下内容。

（1）土地补偿费。征用耕地（包括菜地）的补偿标准，按政府规定，为该耕地年产值的若干倍，具体补偿标准由省、自治区、直辖市人民政府在此范围内制定。征用园地、鱼塘、藕塘、苇塘、宅基地、林地、牧场、草原等的补偿标准，由省、自治区、直辖市人民政府制定。征收无收益的土地，不予补偿。

（2）青苗补偿费和被征用土地上的房屋、水井、树木等附着物补偿费。这些补偿费的标准由省、自治区、直辖市人民政府制定。征用城市郊区的菜地时，还应按照有关规定向国家缴纳新菜地开发建设基金。

（3）安置补助费。征用耕地、菜地的，每个农业人口的安置补助费为该地每亩年产值的 2～3 倍，每亩耕地的安置补助费最高不得超过其年产值的 10 倍。

（4）缴纳的耕地占用税或城镇土地使用税、土地登记费及征地管理费等。县市土地管理机关从征地费中提取土地管理费的比率，要按征地工作量大小，视不同情况，在 1%～4% 幅度内提取。

（5）征地动迁费。包括征用土地上的房屋及附属构筑物、城市公共设施等的拆除、迁建补偿费、搬迁运输费，企业单位因搬迁造成的减产、停工损失补贴费，拆迁管理费等。

(6) 水利水电工程水库淹没处理补偿费。包括农村移民安置迁建费，城市迁建补偿费，库区工矿企业、交通、电力、通信、广播、管网、水利等的恢复、迁建补偿费，库底清理费，防护工程费，环境影响补偿费用等。

2. 取得国有土地使用费

取得国有土地使用费包括：土地使用权出让金、城市建设配套费、拆迁补偿与临时安置补助费等。

(1) 土地使用权出让金。土地使用权出让金是指建设工程通过土地使用权出让方式，取得有限期的土地使用权，依照《中华人民共和国城镇国有土地使用权出让和转让暂行条例》规定，支付的土地使用权出让金。

1) 明确国家是城市土地的唯一所有者，并分层次、有偿、有限期地出让、转让城市土地。第一层次是城市政府将国有土地使用权出让给用地者，该层次由城市政府垄断经营。出让对象可以是有法人资格的企事业单位，也可以是外商。第二层次及以下层次的转让则发生在使用者之间。

2) 城市土地的出让和转让可采用协议、招标、公开拍卖等方式。

①协议方式是由用地单位申请，经市政府批准同意后双方洽谈具体地块及地价。该方式适用于市政工程、公益事业用地以及需要减免地价的机关、部队用地和需要重点扶持、优先发展的产业用地。

②招标方式是在规定的期限内，由用地单位以书面形式投标，市政府根据投标报价、所提供的规划方案以及企业信誉综合考虑，择优而取。该方式适用于一般工程建设用地。

③公开拍卖是指在指定的地点和时间，由申请用地者叫价应价，价高者得。这完全是由市场竞争决定，适用于盈利高的行业用地。

3) 在有偿出让和转让土地时，政府对地价不作统一规定，但应坚持以下原则。

①地价对目前的投资环境不产生大的影响。

②地价与当地的社会经济承受能力相适应。

③地价要考虑已投入的土地开发费用、土地市场供求关系、土地用途和使用年限。

4) 关于政府有偿出让土地使用权的年限，各地可根据时间、区位等各种条件作不同的规定，一般可在 30～99 年之间。按照地面附属建筑物的折旧年限来看，以 50 年为宜。

5) 土地有偿出让和转让，土地使用者和所有者要签约，明确使用者对土地享有的权利和对土地所有者应承担的义务。

①有偿出让和转让使用权，要向土地受让者征收契税。

②转让土地如有增值，要向转让者征收土地增值税。

③在土地转让期间，国家要区别不同地段、不同用途向土地使用者收取土地占用费。

(2) 城市建设配套费。是指因进行城市公共设施的建设而分摊的费用。

(3) 拆迁补偿与临时安置补助费。此项费用由两部分构成，即拆迁补偿费和临时安置补助费或搬迁补助费。拆迁补偿费是指拆迁人对被拆迁人，按照有关规定予以补偿所需的费用。拆迁补偿的形式可分为产权调换和货币补偿两种形式。产权调换的面积按照所拆迁房屋的建筑面积计算；货币补偿的金额按照被拆迁人或者房屋承租人支付搬迁补助费。在过渡期内，被拆迁人或者房屋承租人自行安排住处的，拆迁人应当支付临时安置补助费。

二、与项目建设有关的其他费用

根据项目的不同，与项目建设有关的其他费用的构成也不尽相同，一般包括以下各项。在进行工程估算及概算中可根据实际情况进行计算。

1. 建设单位管理费

建设单位管理费是指建设项目从立项、筹建、建设、联合试运转、竣工验收、交付使用及后评估等全过程管理所需的费用。内容包括如下几项。

（1）建设单位开办费。指新建项目为保证筹建和建设工作正常进行所需办公设备、生活家具、用具、交通工具等购置费用。

（2）建设单位经费。包括工作人员的基本工资、工资性补贴、职工福利费、劳动保护费、劳动保险费、办公费、差旅交通费、工会经费、职工教育经费、固定资产使用费、工具用具使用费、技术图书资料费、生产人员招募费、工程招标费、合同契约公证费、工程质量监督检测费、工程咨询费、法律顾问费、审计费、业务招待费、排污费、竣工交付使用清理及竣工验收费、后评估等费用。不包括应计入设备、材料预算价格的建设单位采购及保管设备材料所需的费用。

建设单位管理费按照单项工程费用之和（包括设备工、器具购置费和建筑安装工程费用）乘以建设单位管理费率计算。

建设单位管理费率按照建设项目的不同性质、不同规模确定。有的建设项目按照建设工期和规定的金额计算建设单位管理费。

2. 勘察设计费

勘察设计费是指为本建设项目提供项目建议书、可行性研究报告及设计文件等所需费用，内容包括以下内容。

（1）编制项目建议书、可行性研究报告及投资估算、工程咨询、评价以及为编制上述文件所进行勘察、设计、研究试验等所需费用。

（2）委托勘察、设计单位进行初步设计、施工图设计及概预算编制等所需费用。

（3）在规定范围内由建设单位自行完成的勘察、设计工作所需费用。

勘察设计费中，项目建议书、可行性研究报告按国家颁布的收费标准计算。设计费按国家颁布的工程设计收费标准计算；勘察费一般民用建筑 6 层以下的按 $3\sim5$ 元/m^2 计算，高层建筑按$8\sim10$元/m^2 计算，工业建筑按 $10\sim12$ 元/m^2 计算。

3. 研究试验费

研究试验费是指为建设项目提供和验证设计参数、数据、资料等所进行的必要的试验费用以及设计规定在施工中必须进行的试验、验证所需费用。包括自行或委托其他部门研究试验所需人工费、材料费、试验设备及仪器使用费等。这项费用按照设计单位根据本工程项目的的需要提出的研究试验内容和要求计算。

4. 建设单位临时设施费

建设单位临时设施费是指建设期间建设单位所需临时设施的搭设、维修、摊销费用或租赁费用。

临时设施包括临时宿舍、文化福利及公用事业房屋与构筑物、仓库、办公室、加工厂以及规定范围内的道路、水、电、管线等临时设施和小型临时设施。

5. 工程监理费

工程监理费是指建设单位委托工程监理单位对工程实施监理工作所需费用。根据国家物价局、原建设部《关于发布工程建设监理费用有关规定的通知》（[1992] 价费字 479 号）等文件规定，选择下列方法之一计算：

（1）一般情况应按工程建设监理收费标准计算，即按所监理工程概算或预算的百分比计算；

（2）对于单工种或临时性项目，可根据参与监理的年度平均人数按 3.5～5 万元/人·年计算。

6. 工程保险费

工程保险费是指建设项目在建设期间根据需要实施工程保险所需的费用。包括以各种建筑工程及其在施工过程中的物料、机器设备为保险标的的建筑工程一切险，以安装工程中的各种机器、机械设备为保险标的的安装工程一切险，以及机器损坏保险等。根据不同的工程类别，分别以其建筑、安装工程费乘以建筑、安装工程保险费率计算。民用建筑（住宅楼、综合性大楼、商场、旅馆、医院、学校）占建筑工程费的 2‰～4‰；其他建筑（工业厂房、仓库、道路、码头、水坝、隧道、桥梁、管道等）占建筑工程费的 3‰～6‰；安装工程（农业、工业、机械、电子、电器、纺织、矿山、石油、化学及钢铁工业、钢结构桥梁）占建筑工程费的 3‰～6‰。

7. 引进技术和进口设备其他费用

引进技术及进口设备其他费用，包括出国人员费用、国外工程技术人员来华费用、技术引进费、分期或延期付款利息、担保费以及进口设备检验鉴定费。

（1）出国人员费用。指为引进技术和进口设备，派出人员在国外培训和进行设计联络、设备检验等的差旅费、制装费、生活费等。这项费用根据设计规定的出国培训和工作的人数、时间及派往国家，按财政部、外交部规定的临时出国人员费用开支标准，及中国民用航空公司现行国际航线票价等进行计算，其中使用外汇部分应计算银行财务费用。

（2）国外工程技术人员来华费用。指为安装进口设备，引进国外技术等聘用外国工程技术人员进行技术指导工作所发生的费用。包括技术服务费、外国技术人员的在华工资、生活补贴、差旅费、医药费、住宿费、交通费、宴请费、参观游览等招待费用。这项费用按每人每月费用指标计算。

（3）技术引进费。指为引进国外先进技术而支付的费用。包括专利费、专有技术费（技术保密费）、国外设计及技术资料费、计算机软件费等。这项费用根据合同或协议的价格计算。

（4）分期或延期付款利息。指利用出口信贷引进技术或进口设备采取分期或延期付款的办法所支付的利息。

（5）担保费。指国内金融机构为买方出具保函的担保费。这项费用按有关金融机构规定的担保费率计算（一般可按承保金额的5‰计算）。

（6）进口设备检验鉴定费用。指进口设备按规定付给商品检验部门的进口设备检验鉴定费。这项费用按进口设备货价的3‰～5‰计算。

8. 工程承包费

工程承包费是指具有总承包条件的工程公司，对工程建设项目从开始建设至竣工投产全过程的总承包所需的管理费用。具体内容包括组织勘察设计、设备材料采购、非标设备设计制造与销售、施工招标、发包、工程预决算、项目管理、施工质量监督、隐蔽工程检查、验收和试车直至竣工投产的各种管理费用。该费用按国家主管部门或省、自治区、直辖市协调规定的工程总承包费取费标准计算。如无规定时，一般工业建设项目为投资估算的6％～8％，民用建筑（包括住宅建设）和市政项目为4％～6％。不实行工程承包的项目不计算本项费用。

三、与未来企业生产经营有关的其他费用

1. 联合试运转费

联合试运转是指新建企业或改扩建企业在工程竣工验收前，按照设计的生产工艺流程和质量标准对整个企业进行联合试运转所发生的费用支出与联合试运转期间的收入部分的差额部分。联合试运转费用一般根据不同性质的项目按需进行试运转的工艺设备购置费的百分比计算。

2. 生产准备费

生产准备费是指新建企业或新增生产能力的企业，为保证竣工交付使用进行必要的生产准备所发生的费用。包括以下内容。

（1）生产人员培训费，包括自行培训、委托其他单位培训的人员的工资、工资性补贴、职工福利费、差旅交通费、学习资料费、学习费、劳动保护费等。

（2）生产单位提前进厂参加施工、设备安装、调试等以及熟悉工艺流程及设备性能等人员的工资、工资性补贴、职工福利费、差旅交通费、劳动保护费等。

生产准备费一般根据需要培训和提前进厂人员的人数及培训时间，按生产准备费指标进行估算。

应该指出，生产准备费在实际执行中是一笔在时间上、人数上、培训深度上很难划分的、活口很大的支出，尤其要严格掌握。

3. 办公和生活家具购置费

办公和生活家具购置费是指为保证新建、改建、扩建项目初期正常生产、使用和管理所必须购置的办公和生活家具、用具的费用。改、扩建项目所需的办公和生活用具购置费，应低于新建项目。其范围包括办公室、会议室、资料档案室、阅览室、文娱室、食堂、浴室、理发室、单身宿舍和设计规定必须建设的托儿所、卫生所、招待所、中小学校等家具用具购置费。这项费用按照设计定员人数乘以综合指标计算，一般为 600～800 元/人。

第五节　预备费、建设期贷款利息、固定资产投资方向调节税和铺底流动资金

一、预备费

按我国现行规定，预备费包括基本预备费和涨价预备费。

1. 基本预备费

基本预备费是指在初步设计及概算内难以预料的工程费用，费用内容包括以下几点。

(1) 在批准的初步设计范围内，技术设计、施工图设计及施工过程中所增加的工程费用；设计变更、局部地基处理等增加的费用。

(2) 一般自然灾害造成的损失和预防自然灾害所采取的措施费用。实行工程保险的工程项目费用应适当降低。

(3) 竣工验收时为鉴定工程质量对隐蔽工程进行必要的挖掘和修复费用。

基本预备费是按设备及工、器具购置费，建筑安装工程费用和工程建设其他费用三者之和为计取基础，乘以基本预备费率进行计算。

$$基本预备费＝（设备及工、器具购置费＋建筑安装工程费用＋$$
$$工程建设其他费用）×基本预备费率$$

基本预备费率的取值应执行国家及部门的有关规定。

2. 涨价预备费

涨价预备费是指建设项目在建设期间内，由于价格等变化引起工程造价变化的预测、预留费用。费用内容包括：人工、设备、材料、施工机械的价差费，建筑安装工程费及工程建设其他费用调整，利率、汇率调整等增加的费用。

涨价预备费的测算方法，一般根据国家规定的投资综合价格指数，按估算年份价格水平的投资额为基数，采用复利方法计算。计算公式为：

$$PF = \sum_{t=1}^{n} I_t \left[(1+f)^t - 1 \right]$$

式中 PF——涨价预备费估算额；

       n——建设期年份数；

       I_t——建设期中第 t 年的投资计划额，包括设备及工器具购置费、建筑安装工程费、工程建设其他费用及基本预备费；

       f——年均投资价格上涨率。

二、建设期贷款利息

建设期贷款利息包括向国内银行和其他非银行金融机构贷款、出口信贷、外国政府贷款、国际商业银行贷款以及在境内外发行的债券等，在建设期间内应偿还的借款利息。

当总贷款是分年均衡发放时，建设期利息的计算可按当年借款在年中支用考虑，即当年贷款按半年计息，上年贷款按全年计息。计算公式为：

$$q_j = \left(P_{j-1} + \frac{1}{2}A_j\right) \cdot i$$

式中 q_j——建设期第 j 年应计利息；

    P_{j-1}——建设期第（$j-1$）年末贷款累计金额与利息累计金额之和；

     A_j——建设期第 j 年贷款金额；

      i——年利率。

国外贷款利息的计算中，还应包括国外贷款银行根据贷款协议，向贷款方以年利率的方式收取的手续费、管理费、承诺费，以及国内代理机构经国家主管部门批准的以年利率的方式向贷款单位收取的转贷费、担保费、管理费等。

三、固定资产投资方向调节税（已暂停征收）

为了贯彻国家产业政策，控制投资规模，引导投资方向，调整投资结构，加强重点建设，促进国民经济持续稳定协调发展，国家将根据国民经济的运行趋势和全社会固定资产投资的状况，对进行固定资产投资的单位和个人开征或暂缓征收固定资产投资方的调节税（该税征收对象不含中外合资经营企业、中外合作经营企业和外资企业）。

投资方向调节税根据国家产业政策和项目经济规模实行差别税率，税率分为 0％、5％、10％、15％、30％五个档次，各固定资产投资项目按其单位工程分别确定适用的税率。计税依据为固定资产投资项目实际完成的投资额，其中更新改造项目为建筑工程实际完成的投资额。投资方向调节税按固定资产投资项目的单位工程年度计划投资额预缴。年度终了后，按年度实际投资结算，多退少补。项目竣工后按全部实际投资进行清算，多退少补。

（1）基本建设项目投资适用的税率。

1）国家急需发展的项目投资，如农业、林业、水利、能源、交通、通信、原材料，科教、地质、勘探、矿山开采等基础产业和薄弱环节的部门项目投资，适用零税率。

2）对国家鼓励发展但受能源、交通等制约的项目投资，如钢铁、化工、石油、水泥等部分重要原材料项目，以及一些重要机械、电子、轻工工业和新型建材的项目，实行 5% 的税率。

3）为配合住房制度改革，对城乡个人修建、购买住宅的投资实行零税率；对单位修建、购买一般性住宅投资，实行 5% 的低税率；对单位用公款修建、购买高标准独门独院、别墅式住宅投资，实行 30% 的高税率。

4）对楼堂馆所以及国家严格限制发展的项目投资，课以重税，税率为 30%。

5）对不属于上述四类的其他项目投资，实行中等税负政策，税率 15%。

（2）更新改造项目投资适用的税率。

1）为了鼓励企事业单位进行设备更新和技术改造，促进技术进步，对国家急需发展的项目投资，予以扶持，适用零税率；对单纯工艺改造和设备更新的项目投资，适用零税率。

2）对不属于上述提到的其他更新改造项目投资，一律适用 10% 的税率。

（3）注意事项。

为贯彻国家宏观调控政策，扩大内需，鼓励投资，根据国务院的决定，对《中华人民共和国固定资产投资方向调节税暂行条例》规定的纳税义务人，其固定资产投资应税项目自 2000 年 1 月 1 日起新发生的投资额，暂停征收固定资产投资方向调节税。但该税种并未取消。

四、铺底流动资金

流动资金是指生产经营性项目投产后，为进行正常生产运营，用于购买原材料、燃料，支付工资及其他经营费用等所需的周转资金。流动资金估算一般是参照现有同类企业的状况采用分项详细估算法，个别情况或者小型项目可采用扩大指标法。

1．分项详细估算法

对计算流动资金需要掌握的流动资产和流动负债这两类因素应分别进行估算。在可行性研究中，为简化计算，仅对存货、现金、应收账款这三项流动资产和应付账款这项流动负债进行估算。

2．扩大指标估算法

（1）按建设投资的一定比例估算。例如，国外化工企业的流动资金，一般是按建设投资的 15%～20% 计算。

（2）按经营成本的一定比例估算。

（3）按年销售收入的一定比例估算。

（4）按单位产量占流动资金的比例估算。

流动资金一般在投产前开始筹措。在投产第一年开始按生产负荷进行安排，其借款部分按全年计算利息。流动资金利息应计入财务费用。项目计算期末回收全部流动资金。

本 章 小 结

建设工程投资构成也就是现行建设工程造价的构成。因此，建设工程投资不但是项目决策、制定投资计划和控制投资的有效工具，而且还成为合理利益分配和调节产业结构的手段，更是评价投资效果的重要指标。本章内容应重点掌握。

思 考 与 练 习

1. 我国现行投资和工程造价由哪些部分构成？
2. 设备及工、器具购置费用由哪些部分构成？
3. 建设安装工程费用的构成有哪些？
4. 工程建设其他费用的构成有哪些？
5. 建设期贷款利息如何计算？预备费如何计算？
6. 某拟建项目计划从日本引进某型号数控机床若干台，每台机床质量 68 t，FOB 价为 5.8 万美元，人民币外汇价为 1 美元＝6.83 元人民币，数控机床运费为 0.96 美元/t，运输保险费率为 2.66％，进口关税执行最低优惠税率为 10％，增值税率为 17％，银行财务费率 5％。外贸手续费率 1.5％，设备运杂费率 2％，请对设备进行估价（FOB 为装运港船上交货价，也称离岸价）。

第三章 建设工程投资确定的依据

第一节 建设工程定额

一、建设工程定额概述

1. 建设工程定额的概念

在建设工程施工过程中，为了完成每一单位产品的施工（生产）过程，就必须消耗一定数量的人力、物力（材料、工机具）和资金，但这些资源的消耗是随着生产因素及生产条件的变化而变化的。建设工程定额是在正常的施工生产条件下，完成单位合格产品所必需的人工、材料、施工机械设备及其资金消耗的数量标准。

这种规定的额度所反映的是在一定的社会生产力发展水平下，完成某项工程建设产品与各种生产消耗之间特定的数量关系，考虑的是正常的施工条件、目前大多数施工企业的技术装备程度、合理的施工工期、施工工艺和劳动组织，反映的是一种社会平均消耗水平。建设工程定额反映国家一定时期的管理体制和管理制度，根据定额的不同用途和适用范围，由国家指定的机构按照一定程序编制，并按照规定的程序审批、颁布执行。

2. 建设工程定额的特点

（1）科学性。建设工程定额的科学性首先表现在其是在认真研究客观规律的基础上，自觉地遵守客观规律的要求，实事求是地制定的。因此，它能正确地反映单位产品生产所必需的劳动量，从而以最少的劳动消耗来取得最大的经济效果，以促进劳动生产率的不断提高。

定额的科学性还表现在制定定额所采用的方法上。通过不断吸收现代科学技术的新成就，不断予以完善，形成一套严密的确定定额水平的科学方法。这些方法不仅在实践中已经行之有效，而且还有利于研究建筑产品生产过程中的工时利用情况，从中找出影响劳动消耗的各种主客观因素，设计出合理的施工组织方案，挖掘生产潜力，提高企业管理水平，减少乃至杜绝生产中的浪费现象，促进生产的不断发展。

（2）权威性。建设工程定额具有很大权威，这种权威在一些情况下具有经济法规性质。权威性反映统一的意志和统一的要求，也反映信誉和信赖程度以及定额的严肃性。

建设工程定额权威性的客观基础是定额的科学性。只有科学的定额才具有权威。但是在社会主义市场经济条件下，它必然涉及各有关方面的经济关系和利益关系。赋予工程建设定额以一定的权威性，就意味着在规定的范围内，对于定额的使用者和执行者来说，不论主观上愿意不愿意，都必须按定额的规定执行。在当前市场不规范的情况下，赋予工程建设定额以权威性是十分必要的。但是在竞争机制引入工程建设的情况下，定额的水平必然会受市场供求状况的影响，从而在执行中可能产生定额水平的浮动。

应该指出的是，在社会主义市场经济条件下，对定额的权威性不应该绝对化。定额毕竟是主观对客观的反映，定额的科学性会受到人们认识的局限。与此相关，定额的权威性也就会受到挑战。更为重要的是，随着投资体制的改革和投资主体多元化格局的形成以及企业经营机制的转换，企业都可以根据市场的变化和自身的情况，自主地调整自己的决策行为。因此在这里，一些与经营决策有关的工程建设定额的权威性特征就弱化了。

（3）系统性。工程建设定额是相对独立的系统。它是由多种定额结合而成的有机的整体。它的结构复杂，有鲜明的层次和明确的目标。

工程建设定额的系统性是由工程建设的特点决定的。按照系统论的观点，工程建设就是庞大的实体系统。工程建设定额是为这个实体系统服务的。因而工程建设本身的多种类、多层次就决定了以它为服务对象的工程建设定额的多种类、多层次。从整个国民经济来看，进行固定资产生产和再生产的工程建设，是一个有多项工程集合体的整体。其中，包括农林水利、轻纺、机械、煤炭、电力、石油、冶金、化工、建材工业、交通运输、邮电工程，以及商业物资、科学教育文化、卫生体育、社会福利和住宅工程等。这些工程的建设都有严格的项目划分，如建设项目、单项工程、单位工程、分部分项工程；在计划和实施过程中有严密的逻辑阶段，如规划、可行性研究、设计、施工、竣工交付使用，以及投入使用后的维修。与此相适应，必然形成工程建设定额的多种类、多层次。

（4）统一性。工程建设定额的统一性，主要是由国家对经济发展的有计划的宏观调控职能决定的。为了使国民经济按照既定的目标发展，就需要借助于某些标准、定额、参数等，对工程建设进行规划、组织、调节、控制。而这些标准、定额、参数，必须在一定的范围内有一种统一的尺度，才能实现上述职能，才能利用它对项目的决策、设计方案、投标报价、成本控制进行比选和评价。

工程建设定额的统一性按照其影响力和执行范围来看，有全国统一定额、地区统一定额和行业统一定额等；按照定额的制定、颁布和贯彻使用来看，有统一的程序、统一的原则、统一的要求和统一的用途。

在生产资料私有制的条件下，定额的统一性是很难想像的，充其量也只是工程量计算规则的统一和信息的提供。我国工程建设定额的统一性和工程建设本身的巨大投入和巨大产出有关。它对国民经济的影响不仅表现在投资的总规模和全部建设项目的投资效益等方面，而且往往还表现在具体建设项目的投资数额及其投资效益方面。因而需要借助统一的工程建设定额进行社会监督。这一点和工业生产、农业生产中的工时定额、原材料定额也是不同的。

（5）稳定性与时效性。工程建设定额中的任何一项都是一定时期技术发展和管理水平的反映，因而在一段时间内都表现出稳定的状态。稳定的时间有长有短，一般在5~10年。保持定额的稳定性是维护定额的权威性及有效地贯彻定额所必需的。如果某种定额处于经常修改变动之中，那么必然造成执行时的困难和混乱，使人们感到没有必要去认真对待它，很容易导致定额权威性的丧失。建设工程定额的不稳定，也会给定额的编制工作带来极大的困难。

但是建设工程定额的稳定性又是相对的。当生产力向前发展了，定额就会与已经发展了的生产力不相适应。这样，它原有的作用就会逐步减弱以至消失，需要修订或重新编制。

二、建筑工程消耗定额

建筑工程消耗量定额也就是施工定额，是由劳动定额、材料消耗定额和机械台班定额组成，是最基本的定额，是施工企业直接用于建筑工程施工管理的一种定额。消耗量定额是以同一性质的施工过程或工序为测定对象，确定建筑安装工人在正常施工条件下，为完成单位合格产品所需劳动、材料、机械消耗和数量标准。

（一）施工定额的作用与编制水平

施工定额是以同一性质的施工过程或工序为测定对象，确定建筑安装工人在正常施工条件下，为完成单位合格产品所需劳动、材料、机械消耗的数量标准。

1. 施工定额的作用

施工定额是施工企业进行科学管理的基础。施工定额的作用体现在：它是施工企业编制施工预算，进行工料分析和"两算对比"的基础；它是编制施工组织设计、施工作业设计和确定人工、材料及机械台班需要量计划的基础；是施工企业向工作班（组）签发任务单、限额领料的依据；是组织工人班（组）开展劳动竞赛、实行内部经济核算、承发包、计取劳动报酬和奖励工作的依据；它是编制预算定额和企业补充定额的基础。

2. 施工定额的编制水平

定额水平是指规定消耗在单位产品上的劳动、材料和机械数量的多寡。施工定额的水平应直接反映劳动生产率水平，也反映劳动和物质消耗水平。

所谓平均先进水平，是指在正常条件下，多数施工班组或生产者经过努力可以达到，少数班组或生产者可以接近，个别班组或生产者可以超过的水平。通常，它低于先进水平，略高于平均水平。这种水平使先进的班组和工人感到有一定压力，大多数处于中间水平的班组或工人感到定额水平可望也可及。平均先进水平不迁就少数落后者，而是使他们产生努力工作的责任感，尽快达到定额水平。所以，平均先进水平是一种鼓励先进、勉励中间、鞭策后进的定额水平。贯彻"平均先进"的原则，能促进企业科学管理和不断提高劳动生产率，进而达到提高企业经济效益的目的。

（二）劳动消耗定额

1. 劳动消耗定额的概念

劳动消耗定额也称人工消耗定额，是建筑安装工程统一劳动定额的简称。它是指为完成施工分项工程所需消耗的人力资源量。也就是指在正常的施工条件下，某等级工人在单位时间内完成单位合格产品的数量或完成单位合格产品所需的劳动时间。这个标准是国家和企业对工人在单位时间内的劳动数量、质量的综合要求，也是建筑施工企业内部组织生产、编制施工作业计划、签发施工任务单、考核工效、计算超额奖或计算工资，以及承包中计算人工和进行经济核算等工作的依据。

2. 劳动消耗定额的分类及其关系

（1）劳动定额的分类。劳动定额按其表现形式的不同，分为时间定额和产量定额。

①时间定额。时间定额是指某工种某一等级的工人或工人小组在合理的劳动组织等施工条件下，完成单位合格产品所必须消耗的工作时间。定额时间包括准备与结束工作时间、基本作业时间、不可避免的中断时间及必需的休息时间等。

时间定额一般采用"工日"为计量单位，每一工日工作时间按 8 h 计算，即工日/m³、工日/m²、工日/m、……用公式表示如下：

$$单位产品时间定额（工日）=\frac{1}{每工日产量}$$

或

$$单位产品时间定额（工日）=\frac{小组成员工日数总和}{小组台班产量}$$

②产量定额。产量定额是指某工种某一等级的工人或工人小组在合理的劳动组织等施工条件下，在单位时间内完成合格产品的数量。

产量定额的计量单位，通常是以一个工日完成合格产品的数量表示，即 m³/工日、m²/工日、m/工日……每一个工日工作时间按 8 h 计算。用公式表示如下：

$$产量定额=\frac{产品数量}{劳动时间}$$

（2）时间定额和产量定额的关系。时间定额和产量定额是互为倒数关系，即

$$时间定额×产量定额=1$$

$$时间定额 = \frac{1}{产量定额}$$

（3）工作时间。完成任何施工过程，都必须消耗一定的工作时间。要研究施工过程中的工时消耗量，就必须对工作时间进行分析。

工作时间的研究是将劳动者整个生产过程中所消耗的工作时间，根据其性质、范围和具体情况进行科学划分、归类，明确规定哪些属于定额时间，哪些属于非定额时间，找出非定额时间损失的原因，以便拟定技术组织措施，消除产生非定额时间的因素，充分利用工作时间，提高劳动生产率。

工作时间是指工作班的延续时间。建筑安装企业工作班的延续时间为 8 h（每个工日）。

对工作时间的研究和分析，可以分工人工作时间和机械工作时间两个系统进行。

1）工人工作时间。

①定额时间。定额时间是指工人在正常施工条件下，为完成一定数量的产品或任务所必须消耗的工作时间。内容包括以下几方面：

a. 准备与结束工作时间。工人在执行任务前的准备工作（包括工作地点、劳动工具、劳动对象的准备）和完成任务后整理工作的时间。

b. 基本工作时间。工人完成与产品生产直接有关的准备工作。如砌砖施工过程的挂线、铺灰浆、砌砖等工作时间。基本工作时间一般与工程量的大小成正比。

c. 辅助工作时间。是指为了保证基本工作顺利完成而同技术操作无直接关系的辅助性工作时间。例如，工人转移工作地点、修磨校验工具、移动工作梯等所需时间。

d. 休息时间。工人恢复体力所必需的时间。

e. 不可避免的中断时间。由于施工工艺特点所引起的工作中断时间。如汽车司机等候装货的时间，安装工人等候构件起吊的时间等。

②非定额时间。具体内容包括以下几个方面：

a. 多余和偶然工作时间。指在正常施工条件下不应发生的时间消耗。例如，拆除超过图示高度的多余墙体的时间。

b. 施工本身造成的停工时间。由于气候变化和水、电源中断而引起的停工时间。

c. 违反劳动纪律的损失时间。在工作班内工人迟到、早退、闲谈、办私事等原因造成的工时损失。

（2）机械工作时间。机械工作时间是由机械本身的特点所决定的，因此机械工作时间的分类与工人工作时间的分类有所不同。例如，在必须消耗的时间中所包含的有效工作时间的内容不同。

①定额时间。

a. 有效工作时间。包括正常负荷下的工作时间、有根据的降低负荷下的工作时间。

b. 不可避免的无负荷工作时间。由施工过程的特点所造成的无负荷工作时间。如推土机到达工作段终端后倒车的时间，起重机吊完构件后返回构件堆放地点的时间等。

　　c. 不可避免的中断时间。与工艺过程的特点、机械使用中的保养、工人休息等有关的中断时间。如汽车装卸货物时的停车时间，给机械加油的时间，工人休息时的停机时间等。

　　定额时间的计算公式是：

$$定额时间＝基本工作时间＋辅助工作时间＋准备与结束工作时间＋$$
$$不可避免的中断时间＋休息时间$$

　　②非定额时间。

　　a. 机械多余的工作时间。指机械完成任务时无须包括的工作占用时间。例如，灰浆搅拌机搅拌时多运转的时间，工人没有及时供料而使机械空运转的延续时间。

　　b. 机械停工时间。指由于施工组织不好及由于气候条件影响所引起的停工时间。例如，未及时给机械加水、加油而引起的停工时间。

　　c. 违反劳动纪律的停工时间。由于工人迟到、早退等原因引起的机械停工时间。

　　3. 劳动定额的编制

　　(1) 拟定施工的正常条件。拟定施工的正常条件就是确定执行定额所应具备的条件。

　　1) 拟定工作地点的组织。工作地点是工人施工活动的场所。工作地点组织紊乱和不科学，往往是造成劳动效率不高甚至窝工的重要原因。拟定工作地点的组织时，要特别注意使工人在操作时不受妨碍，所使用的工具和材料应按使用顺序放置于工人最便于取用的地方，以减少疲劳和提高工作效率，不用的工具和材料不应放置在工作地点。工作地点应保持清洁和秩序井然。

　　2) 拟定工作组成。拟定工作组成就是将工作过程按照劳动分工的可能划分为若干工序，以达到合理使用技术工人。可以采用两种基本方法：一种是把工作过程中个别简单的工序，划分给技术熟练程度较低的工人去完成；一种是分出若干个技术程度较高的工人，去帮助技术程度较低的工人工作。采用后一种方法的实质是把个人完成的工作过程变成小组完成的工作过程。

　　3) 拟定施工人员编制。拟定施工人员编制即确定小组人数、技术工人的配备，以及劳动的分工和协作。拟定施工人员编制的原则是，每个工人都能充分发挥作用，均衡地担负工作。

　　(2) 拟定时间定额。时间定额是在拟定基本工作时间、辅助工作时间、不可避免中断时间、准备与结束的工作时间，以及休息时间的基础上制定的。具体方法如下：

　　1) 拟定基本工作时间。基本工作时间在必须消耗的工作时间中占的比重最大，在确定基本工作时间时，必须细致、精确。

　　基本工作时间消耗一般应根据计时观察资料来确定，其做法是：首先确定工作过程每一组成部分的工时消耗，然后再综合计算出工作过程的工时消耗。如果组成部分的产品计量单位和工作过程的产品计量单位不符，就需先求出不同计量单位的换算系数，进行产品计量单位的换算，然后再相加，求得工作过程的工时消耗。

2) 拟定辅助工作时间和准备与结束工作时间。辅助工作和准备与结束工作时间的确定方法与基本工作时间相同。但是，如果这两项工作时间在整个工作班工作时间消耗中所占比重不超过 5%～6%，则可归纳为一项，以工作过程的计量单位表示，确定出工作过程的工时消耗。

如果在计时观察时不能取得足够的资料，也可采用工时规范或经验数据来确定。如具有现行的工时规范，可以直接利用工时规范中规定的辅助和准备与结束工作时间的百分比来计算。

3) 拟定不可避免的中断时间。在确定不可避免的中断时间的定额时，特别注意的是只有由工艺特点所引起的不可避免中断才可列入工作过程的时间定额中。

不可避免的中断时间需要根据测时资料通过整理分析获得，也可以根据经验数据或工时规范，以占工作日的百分比表示此项工时消耗的时间定额。

4) 拟定休息时间。休息时间应根据工作班作息制度、经验资料、计时观察资料，以及对工作的疲劳程度作全面分析来确定。

从事不同工种、不同工作的工人，疲劳程度有很大差别。为了合理确定休息时间，往往要对从事各种工作的工人进行观察、测定，以及进行生理和心理方面的测试，以便确定其疲劳程度。同时，应考虑尽可能利用不可避免中断时间作为休息时间。国内外往往按工作轻重和工作条件好坏，将各种工作划分为不同的级别。如我国某地区工时规范将体力劳动分为六类：最沉重、沉重、较重、中等、较轻、轻便。

以下是根据疲劳程度划分出的等级，用以合理规定休息需要的时间表，主要分六个等级，如表 3-1 所示。

表 3-1　休息时间占工作日的比重

疲劳程度	轻便	较轻	中等	较重	沉重	最沉重
等级	1	2	3	4	5	6
占工作日比重/%	4.16	6.25	8.33	11.45	16.7	22.9

5) 拟定定额时间。确定的基本工作时间、辅助工作时间、准备与结束工作时间、不可避免中断时间和休息时间之和，就是劳动定额的时间定额。根据时间定额可计算出产量定额，时间定额和产量定额互成倒数。

(3) 劳动定额的计算公式。在取得现场测定资料后，可以计算劳动定额的时间定额。计算公式是：

$$定额时间 = \frac{基本作业时间 \times 100}{100 - (辅助工作时间 + 准备与结束工作时间 + 不可避免的中断时间 + 休息时间)}$$

（三）材料消耗定额

1. 材料消耗定额的概念

材料消耗定额是指在先进合理的施工条件和合理使用材料的情况下，生产质量合格的单位产品所必须消耗的建筑安装材料的数量标准。

在工程建设中，建筑材料品种繁多，耗用量大，占工程费用的比例较大，在一般工业与民用建筑工程中，其材料费占整个工程费用的 $60\% \sim 70\%$。因此，用科学的方法正确地制定材料消耗定额，可以保证合理地供应和使用材料，减少材料的积压和浪费，这对于保证施工的顺利进行，降低产品价格和工程成本有着极其重要的意义。

2. 施工中材料消耗的组成

施工中材料的消耗，可分为必需的材料消耗和损失的材料两类性质。必需的材料消耗，是指在合理用料的条件下，生产合格产品所需消耗的材料。它包括：直接用于建筑和安装工程的材料；不可避免的施工废料；不可避免的材料损耗。

必需的材料消耗属于施工正常消耗，是确定材料消耗定额的基本数据。其中，直接用于建筑和安装工程的材料，编制材料净用量定额；不可避免的施工废料和材料损耗，编制材料损耗定额。

材料各种类型的损耗量之和称为材料损耗量，除去损耗量之后净用于工程实体上的数量称为材料净用量，材料净用量与材料损耗量之和称为材料总消耗量，损耗量与总消耗量之比称为材料损耗率，它们的关系用公式表示就是：

$$损耗率 = \frac{损耗量}{总消耗量} \times 100\%$$

$$总消耗量 = \frac{净用量}{1 - 损耗率}$$

或

$$总消耗量 = 净用量 + 损耗量$$

为了简便，通常将损耗量与净用量之比，作为损耗率。即：

$$损耗率 = \frac{损耗量}{净用量} \times 100\%$$

$$总消耗量 = 净用量 \times （1 + 损耗率）$$

3. 编制材料消耗定额的基本方法

材料消耗定额必须在充分研究材料消耗规律的基础上制定，是通过施工生产过程中对材料消耗进行观测、试验以及根据技术资料的统计与计算等方法制定的。

（1）观测法。观测法亦称现场测定法，是指在合理和节约使用材料的前提下，在现场对施工过程进行观察，记录出数据，测定出哪些是不可避免的损耗材料，应该记入定额之中；哪些是可以避免的损耗材料，不应该记入定额之中。通过现场观测，确定出合理的材料消耗量，最后得出一定的施工过程单位产品的材料消耗定额。

观测法的首要任务是选择典型的工程项目，其施工技术、组织及产品质量均要符合技术规范的要求；材料的品种、型号、质量也应符合设计要求；产品检验合格，操作工人能合理使用材料和保证产品质量。

观测法是在现场实际施工中进行的。在观测前要充分做好准备工作，如选用标准的运输工具和衡量工具，采取减少材料损耗措施等。观测的结果，要取得材料消耗的数量和产品数量的数据资料。对观测取得的数据资料要进行分析研究，区分哪些是合理的，哪些是不合理的，哪些是不可避免的，以制定出在一般情况下都可以达到的材料消耗定额。

利用现场测定法主要是编制材料损耗定额，也可以提供编制材料净用量定额的数据。其优点是能通过现场观察、测定，取得产品产量和材料消耗的情况，为编制材料定额提供技术根据。

（2）试验法。试验法又称试验室试验法，由专门从事材料试验的专业技术人员，使用实验仪器来测定材料消耗定额的一种方法。这种方法可以较详细地研究各种因素对材料消耗的影响，且数据准确，但仅适用于在试验室内测定砂浆、混凝土、沥青等建筑材料的消耗定额。例如：以各种原材料为变量因素，求得不同强度等级混凝土的配合比，从而计算出每立方米混凝土的各种材料耗用量。

利用试验法，主要是编制材料净用量定额。通过试验，能够对材料的结构、化学成分和物理性能以及按强度等级控制的混凝土、砂浆配合比作出科学的结论，为编制材料消耗定额提供有技术根据的、比较精确的计算数据。

试验室试验必须符合国家有关标准规范，计量要使用标准容器和称量设备，质量要符合施工与验收规范要求，以保证获得可靠的定额编制依据。但是，试验法不能取得在施工现场实际条件下，由于各种客观因素对材料耗用量影响的实际数据，这是该法的不足之处。

（3）统计法。所谓统计法是指对分部（分项）工程拨付一定的材料数量、竣工后剩余的材料数量以及完成合格建筑产品的数量，进行统计计算而编制材料消耗定额的方法。这种方法不能区分施工中的合理材料损耗和不合理材料损耗，所以，得出的材料消耗定额准确性偏低。

采用统计法，必须要保证统计和测算的耗用材料和相应产品一致。在施工现场中的某些材料，往往难以区分用在各个不同部位上的准确数量。因此，要有意识地加以区分，才能得到有效的统计数据。

用统计法制定材料消耗定额一般采取两种方法：

1）经验估算法。指以有关人员的经验或以往同类产品的材料实耗统计资料为依据，通过研究分析并考虑有关影响因素的基础上制定材料消耗定额的方法。

2) 统计法。统计法是对某一确定的单位工程拨付一定的材料，待工程完工后，根据已完成产品数量和领退材料的数量，进行统计和计算的一种方法。由统计得到的定额虽有一定的参考价值，但其准确程度较差，应对其分析研究后才能采用。

对积累的各分部分项工程结算的产品所耗用材料的统计分析，是根据各分部分项工程拨付材料数量、剩余材料数量及总共完成产品数量来进行计算。

（4）理论计算法。理论计算法又称计算法，它是根据施工图纸，运用一定的数学公式计算材料的耗用量。理论计算法只能计算出单位产品的材料净用量，材料的损耗量还要在现场通过实测取得。例如：1 m³ 标准砖墙中，砖、砂浆的净用量计算公式如下：

①1 m³ 的 1 砖墙中，砖的净用量为：

$$砖净用量 = \frac{1}{(砖宽 + 灰缝) \times (砖厚 + 灰缝)} \times \frac{1}{砖长}$$

②1 m³ 的 $1\frac{1}{2}$ 砖墙中，砖的净用量为：

$$砖净用量 = \left[\frac{1}{(砖长 + 灰缝) \times (砖厚 + 灰缝)} \times \frac{1}{砖长} + \frac{1}{(砖宽 + 灰缝) \times (砖厚 + 灰缝)} \times \frac{1}{砖长}\right] \times$$

$$\frac{1}{砖长 + 砖宽 + 灰缝}$$

③砂浆净用量为：砂浆净用量 = 1 m³ 砌体 - 砖体积

采用这种方法时必须对工程结构、图纸要求、材料特性和规格、施工质量验收规范、施工方法等先进行了解和研究。

理论计算法是材料消耗定额制定方法中比较先进的方法，适宜于不易产生损耗且容易确定废料的材料，如木材、钢材、砖瓦、预制构件等材料。因为这些材料根据施工图纸和技术资料，从理论上都可以计算出来，不可避免的损耗也有一定的规律可找。

4. 周转性材料消耗量计算

建筑安装施工中，除了耗用直接构成工程实体的各种材料、成品、半成品外，还需要耗用一些工具性的材料，如各种模板、活动支架、脚手架、支撑、挡土板等。这类材料在施工中不是一次消耗完，而是随着使用次数逐渐消耗的，故称为周转性材料。

周转性材料均为多次使用消耗的材料。定额消耗量是指一次摊销的数量，即摊销量，其计算必须考虑周转使用量和回收量之间的关系。

（四）机械台班消耗定额

在建筑安装工程中，有些工程产品或工作是由人工来完成的，有些是由机械来完成的，有些则是由人工和机械配合共同完成的。由机械或人机配合来完成的产品或工作中，就包含一个机械工作时间。

1. 机械台班消耗定额概念

机械台班消耗定额，或称机械台班使用定额。是指在正常的施工机械生产条件下，为生产单位合格工程施工产品或某项工作所必需消耗的机械工作时间标准，或者在单位时间内应用施工机械所应完成的合格工程施工产品的数量。机械台班定额以台班为单位，每一台班按 8h 计算。其表达形式有机械时间定额和机械产量定额两种：

（1）机械时间定额是指在合理劳动组织与合理使用机械条件下，完成单位合格产品所必需的工作时间，包括有效工作时间（正常负荷下的工作时间和降低负荷下的工作时间）、不可避免的中断时间、不可避免的无负荷工作时间。机械时间定额以"台班"表示，即一台机械工作一个作业班时间，一个作业班时间为 8 h。

$$单位产品机械时间定额（台班）＝\frac{1}{台班产量}$$

由于机械必须由工人小组配合，所以同时应列出单位产品人工时间定额。即：

$$单位产品人工时间定额（工日）＝\frac{小组成员总人数}{台班产量}$$

（2）机械产量定额是指在合理劳动组织与合理使用机械条件下，机械在每个台班时间内应完成合格产品的数量：

$$机械台班产量定额＝\frac{1}{机械时间定额（台班）}$$

机械时间定额和机械产量定额互为倒数关系。

复式表示法有如下形式：

$$\frac{人工时间定额}{机械台班产量}\bigg|台班车次$$

2. 机械台班定额的编制

施工机械台班定额是施工机械生产率的反映。编制高质量的机械台班定额是合理组织机械施工，有效利用施工机械，进一步提高机械生产率的必备条件。

编制机械台班定额，主要包括以下内容：

（1）确定正常施工条件。与人工操作相比，机械操作的劳动生产率在更大程度上受施工条件的影响，所以需要更好地拟定施工条件。

拟定机械工作正常的施工条件，主要是指工作地点的合理组织和拟定合理的工人编制。

工作地点的合理组织，就是对施工地点机械和材料的放置位置以及工人从事操作的场所做出科学合理地平面布置和空间安排。它要求施工机械和操纵机械的工人在最小范围内移动，但又不阻碍机械运转和工人操作；应使机械的开关和操纵装置尽可能集中地装置在操纵工人的近旁，以节省工作时间和减轻劳动强度；应最大限度发挥机械的效能，减少工人的手工操作。

拟定合理的工人编制，就是根据施工机械的性能和设计能力，工人的专业分工和劳动工效，合理确定操纵机械的工人和直接参加机械化施工过程的工人的编制人数。拟定合理的工人编制，应要求保持机械的正常生产率和工人正常的劳动工效。

（2）确定机械纯工作 1 h 的正常生产率。确定机械正常生产率时，必须先确定机械纯工作 1 h 的正常劳动生产率。因为只有先取得机械纯工作 1 h 正常生产率，才能根据机械利用系数计算出施工机械台班定额。

机械纯工作时间，是指机械必须消耗的净工作时间，包括：正常负荷下工作时间、有根据降低负荷下工作时间、不可避免的无负荷工作时间、不可避免的中断时间。

机械纯工作 1 h 的正常生产率，就是在正常施工条件下，由具备一定知识和技能的技术工人操作施工机械净工作 1 h 的劳动生产率。

根据机械工作特点的不同，机械纯工作 1 h 正常生产率的确定方法，也有所不同。对于循环动作机械，确定机械纯工作 1 h 正常生产率的计算公式如下：

$$\begin{array}{l}\text{机械一次循环的}\\\text{正常延续时间}\end{array}=\sum\left(\begin{array}{l}\text{循环各组成部分}\\\text{正常延续时间}\end{array}\right)-\text{交叠时间}$$

$$\text{机械纯工作 1 h 循环次数}=\frac{60\times60\ (\text{s})}{\text{一次循环的正常延续时间}}$$

机械纯工作 1 h 正常生产率＝机械纯工作 1 h 正常循环次数×一次循环生产的产品数量

从公式中可以看到，计算循环机械纯工作 1 h 正常生产率的步骤是：根据现场观察资料和机械说明书确定各循环组成部分的延续时间；将各循环组成部分的延续时间相加，减去各组成部分之间的交叠时间，求出循环过程的正常延续时间；计算机械纯工作 1 h 的正常循环次数；计算循环机械纯工作 1 h 的正常生产率。

对于连续动作机械，确定机械纯工作 1 h 正常生产率要根据机械的类型和结构特征，以及工作过程的特点来进行。计算公式如下：

$$\text{连续动作机械纯工作 1 h 正常生产率}=\frac{\text{工作时间内生产的产品数量}}{\text{工作时间 (h)}}$$

工作时间内的产品数量和工作时间的消耗，要通过多次现场观察和机械说明书来取得数据。对于同一机械进行作业属于不同的工作过程，如挖掘机所挖土壤的类别不同，碎石机所破碎的石块硬度和粒径不同，均需分别确定其纯工作 1 h 的正常生产率。

（3）确定施工机械的正常利用系数。机械的正常利用系数又称机械时间利用系数，是指机械在工作班内工作时间的利用率。

机械正常利用系数与工作班内的工作状况有着密切的关系。拟定工作班的正常状况，关键是如何保证合理利用工时，因此，要注意下列几个问题：

①尽量利用不可避免的中断时间、工作开始前与结束后的时间，进行机械的维护和养护。

②尽量利用不可避免的中断时间作为工人的休息时间。

③根据机械工作的特点，在担负不同工作时，规定不同的开始与结束时间。

④合理组织施工现场，排除由于施工管理不善造成的机械停歇。

确定机械正常利用系数，首先要计算工作班在正常状况下，准备与结束工作、机械开动、机械维护等工作必须消耗的时间，以及有效工作的开始与结束时间，然后再计算机械工作班的纯工作时间，最后确定机械正常利用系数。机械正常利用系数按下列公式计算。

$$机械正常利用系数 = \frac{工作班内机械纯工作时间}{机械工作班延续时间}$$

三、预算定额

1. 预算定额的概念和作用

预算定额是规定一定计量单位的分项工程或结构构件所必需消耗的劳动力、材料和机械台班的数量标准，是国家及地区编制和颁发的一种法令性指标。

预算定额是确定单位分项工程或结构构件单价的基础，因此，它体现了国家、建设单位和施工企业之间的一种经济关系。建设单位按预算定额为拟建工程提供必要的资金供应；施工企业则在预算定额范围内，通过建筑施工活动，按质、按量、按期地完成工程任务。预算定额在我国建筑工程中具有以下重要作用：

（1）预算定额是编制施工图预算的基本依据，是确定工程预算造价的依据；

（2）预算定额是对设计方案进行技术经济比较，对新结构、新材料进行技术经济分析的依据；

（3）预算定额是施工企业编制人工、材料、机械台班需要量计划，统计完成工程量，考核工程成本，实行经济核算的依据；

（4）预算定额是在建筑工程招标、投标中确定标底和标价，实行招标承包制的重要依据；

（5）预算定额是建设单位和建设银行拨付工程价款、建设资金贷款和竣工结（决）算的依据；

（6）预算定额是编制地区单位估价表、概算定额和概算指标的基础资料。

2. 预算定额的编制依据

编制预算定额主要依据下列资料：

（1）现行全国统一劳动定额、机械台班使用定额和材料消耗定额；

（2）现行的设计规范、施工质量验收规范、质量评定标准和安全操作规程；

（3）通用的标准图集和定型设计图纸以及有代表性的典型设计图纸和图集；

（4）新技术、新工艺、新结构、新材料和先进施工经验的资料；

（5）有关科学试验、技术测定、统计资料和经验数据；

（6）国家和各地区已颁发的预算定额及其基础资料；

（7）现行的工资标准和材料市场与预算价格。

3. 预算定额的编制步骤

编制预算定额一般分为三个阶段进行。

(1) 准备阶段。准备阶段的任务是成立编制机构、拟订编制方案、确定定额项目、全面收集各项依据资料。预算定额的编制工作不但工作量大，而且政策性强，组织工作复杂。在编制准备阶段应做好以下几项工作：

① 建筑业的深化改革对预算定额编制的要求；

② 确定预算定额的适用范围、用途和水平；

③ 确定编制机构的人员组成，安排编制工作的进度；

④ 确定定额的编制形式、项目内容、计量单位及小数位数；

⑤ 确定人工、材料和机械台班消耗量的计算资料。

(2) 编制预算定额初稿，测试定额水平阶段。在这个阶段，根据确定的定额项目和基础资料，进行反复分析和测算；编制定额项目劳动力计算表、材料及机械台班计算表，制定工程量计算规则，并附注工作内容及有关计算规则说明；然后，汇总编制预算定额项目表，即预算定额初稿。

编出预算定额初稿后，要将新编定额与现行定额进行测算对比，测算出新编定额的水平，并分析比现行定额提高或降低的原因，写出定额水平测算工作报告。

(3) 审查定稿阶段。在这个阶段，将新编定额初稿及有关编制说明和定额水平测算情况等资料，印发各地区、各有关部门，或组织有关基本建设单位和施工企业座谈讨论，广泛征求意见。最后，送上级主管部门批准、颁发执行。

4. 预算定额的编制

(1) 定额项目的划分。因建筑产品结构复杂，形体庞大，所以要就整个产品来计价是不可能的。但可根据不同部位、不同消耗或不同构件，将庞大的建筑产品分解成各种不同的较为简单、适当的计量单位（称为分部分项工程），作为计算工程量的基本构造要素，在此基础上编制预算定额项目。确定定额项目时要求：① 便于确定单位估价表；② 便于编制施工图预算；③ 便于进行计划、统计和成本核算工作。

(2) 工程内容的确定。基础定额子目中人工、材料消耗量和机械台班使用量是直接由工程内容确定的，所以，工程内容范围的规定是十分重要的。

(3) 确定预算定额的计量单位。预算定额与施工定额计量单位往往不同。施工定额的计量单位一般按工序或施工过程确定；而预算定额的计量单位主要是根据分部分项工程和结构构件的形体特征及其变化确定。由于工作内容综合，预算定额的计量单位亦具有综合的性质。工程量计算规则的规定应确切反映定额项目所包含的工作内容。

预算定额的计量单位关系到预算工作的繁简和准确性。因此，要正确地确定各分部分项工程的计量单位。一般依据以下建筑结构构件形状的特点确定：

1) 凡物体的截面有一定的形状和大小，但有不同长度时（如管道、电缆、导线等分项工程），应当以延长米为计量单位。

2) 当物体有一定的厚度，而面积不固定时（如通风管、油漆、防腐等分项工程），应当以平方米作为计量单位。

3）如果物体的长、宽、高都变化不定时（如土方、保温等分项工程），应当以立方米为计量单位。

4）有的分项工程虽然体积、面积相同，但质量和价格差异很大，或者是不规则或难以度量的实体（如金属结构、非标准设备制作等分项工程），应当以质量作为计量单位。

5）凡物体无一定规格，而其构造又较复杂时，可采用自然单位（如阀门、机械设备、灯具、仪表等分项工程），常以个、台、套、件等作为计量单位。

6）定额项目中工料计量单位及小数位数的取定。

①计量单位：按法定计量单位取定：

a. 长度：mm、cm、m、km；

b. 面积：mm^2、cm^2、m^2；

c. 体积和容积：cm^3、m^3；

d. 质量：kg、t；

②数值单位与小数位数的取定。

a. 人工：以"工日"为单位，取两位小数；

b. 主要材料及半成品：木材以"m^3"为单位取三位小数，钢板、型钢以"t"为单位取三位小数，管材以"m"为单位取两位小数，通风管用薄钢板以"m^2"为单位，导线、电缆以"m"为单位，水泥以"kg"为单位，砂浆、混凝土以"m^3"为单位等。

c. 单价以"元"为单位，取两位小数；

d. 其他材料费以"元"表示，取两位小数；

e. 施工机械以"台班"为单位，取两位小数；

定额单位确定之后，往往会出现人工、材料或机械台班量很小，即小数点后好几位。为了减少小数位数和提高预算定额的准确性，采取扩大单位的办法，把 1 m^3、1 m^2、1 m 扩大 10、100、1 000 倍。这样，相应的消耗量也加大了倍数，取一定小数位四舍五入后，可达到相对的准确性。

（4）确定施工方法。编制预算定额所取定的施工方法，必须选用正常的、合理的施工方法，用以确定各专业的工程和施工机械。

5. 确定预算定额中人工、材料、施工机械消耗量

确定预算定额人工、材料、机械台班消耗指标时，必须先按施工定额的分项逐项计算出消耗指标；然后，再按预算定额的项目加以综合。但是，这种综合不是简单的合并和相加，而需要在综合过程中增加两种定额之间的适当的水平差。预算定额的水平，首先取决于这些消耗量的合理确定。

人工、材料和机械台班消耗量指标，应根据定额编制原则和要求，采用理论与实际相结合、图纸计算与施工现场测算相结合、编制人员与现场工作人员相结合等方法进行计算和确

定，使定额既符合政策要求，又与客观情况一致，便于贯彻执行。

6. 编制定额表和拟定有关说明

定额项目表的一般格式是横向排列为各分项工程的项目名称，竖向排列为分项工程的人工、材料和施工机械消耗量指标。有的项目表下部还有附注以说明设计有特殊要求时，怎样进行调整和换算。

预算定额的主要内容包括目录，总说明，各章、节说明，工程量计算规则及方法、定额项目表以及有关附录等。

（1）总说明。主要说明编制预算定额的指导思想、编制原则、编制依据、适用范围以及编制预算定额时有关共性问题的处理意见和定额的使用方法等。

（2）各章、节说明。各章、节说明主要包括以下内容：

①编制各分部定额的依据。

②项目划分和定额项目步距的确定原则。

③施工方法的确定。

④定额活口及换算的说明。

⑤选用材料的规格和技术指标。

⑥材料、设备场内水平运输和垂直运输主要材料损耗率的确定。

⑦人工、材料、施工机械台班消耗定额的确定原则及计算方法。

（3）工程量计算规则及方法。

（4）定额项目表。主要包括该项定额的人工、材料、施工机械台班消耗量和附注。

（5）附录。一般包括主要材料取定价格表、施工机械台班单价表，其他有关折算、换算表等。

四、概算定额

1. 概算定额的概念

概算定额是指生产一定计量单位的经扩大的建筑工程结构构件或分部分项工程所需要的人工、材料和机械台班的消耗数量及费用的标准。

概算定额是在预算定额的基础上，根据有代表性的建筑工程通用图和标准图等资料，进行综合、扩大和合并而成。因此，建筑工程概算定额，亦称"扩大结构定额"。

概算定额与预算定额的相同处，是都以建（构）筑物各个结构部分和分部分项工程为单位表示的，内容也包括人工、材料和机械台班使用量定额三个基本部分，并列有基准价。

概算定额表达的主要内容、表达的主要方式及基本使用方法都与综合预算定额相近。

定额基准价＝定额单位人工费＋定额单位材料费＋定额单位机械费

＝人工概算定额消耗量×人工工资单价＋

$\sum$（材料概算定额消耗量×材料预算价格）＋

$\sum$（施工机械概算定额消耗量×机械台班费用单价）

概算定额与预算定额的不同之处在于项目划分和综合扩大程度上的差异；同时，概算定额主要用于设计概算的编制。由于概算定额综合了若干分项工程的预算定额，因此使概算工程量计算和概算表的编制，都比施工图预算的编制简化了很多。

编制概算定额时，应考虑到能适应规划、设计、施工各阶段的要求。概算定额与预算定额应保持水平一致，即在正常条件下，反映大多数企业的设计、生产及施工管理水平。

概算定额的内容和深度是以预算定额为基础的综合与扩大。在合并中不得遗漏或增加细目，以保证定额数据的严密性和正确性。概算定额务必简化、准确和适用。

2. 概算定额的作用

（1）概算定额是在扩大初步设计阶段编制概算、技术设计阶段编制修正概算的主要依据。

（2）概算定额是编制建筑安装工程主要材料申请计划的基础。

（3）概算定额是进行设计方案技术经济比较和选择的依据。

（4）概算定额是编制概算指标的计算基础。

（5）概算定额是确定基本建设项目投资额、编制基本建设计划、实行基本建设大包干、控制基本建设投资和施工图预算造价的依据。

因此，正确合理地编制概算定额对提高设计概算的质量，加强基本建设经济管理，合理使用建设资金、降低建设成本，充分发挥投资效果等方面，都具有重要的作用。

3. 概算定额编制的原则

为了提高设计概算质量，加强基本建设经济管理，合理使用国家建设资金，降低建设成本，充分发挥投资效果，在编制概算定额时必须遵循以下原则：

（1）使概算定额适应设计、计划、统计和拨款的要求，更好地为基本建设服务。

（2）概算定额水平的确定，应与预算定额的水平基本一致，必须是反映正常条件下大多数企业的设计、生产施工管理水平。

（3）概算定额的编制深度，要适应设计深度的要求。项目划分应坚持简化、准确和适用的原则。以主体结构分项为主，合并其他相关部分，进行适当综合扩大；概算定额项目计量单位的确定，与预算定额要尽量一致；应考虑统筹法及应用电子计算机编制的要求，以简化工程量和概算的计算编制。

（4）为了稳定概算定额水平，统一考核尺度和简化计算工程量，编制概算定额时，原则上不留活口；对于设计和施工变化多而影响工程量多、价差大的，应根据有关资料进行测算，综合取定常用数值；对于其中还包括不了的个性数值，可适当留些活口。

4. 概算定额的编制依据

概算定额编制的依据主要有：

（1）现行的全国通用的设计标准、规范和施工质量验收规范。

（2）现行的预算定额。

（3）标准设计和有代表性的设计图纸。

（4）过去颁发的概算定额。

（5）现行的人工工资标准、材料预算价格和施工机械台班单价。

（6）有关施工图预算和结算资料。

5. 概算定额的编制方法

（1）定额计量单位确定。概算定额计量单位基本上按预算定额的规定执行，但是单位的内容扩大，仍用 m、m² 和 m³ 等。

（2）确定概算定额与预算定额的幅度差。由于概算定额是在预算定额基础上进行适当的合并与扩大。因此，在工程量取值、工程的标准和施工方法确定上需综合考虑，且定额与实际应用必然会产生一些差异。这种差异国家允许预留一个合理的幅度差，以便依据概算定额编制的设计概算能控制住施工图预算。概算定额与预算定额之间的幅度差，国家规定一般控制在 5% 以内。

（3）定额小数取位。概算定额小数取位与预算定额相同。

6. 概算定额的内容

概算定额内容：由文字说明和定额表两部分组成。

（1）文字说明部分包括总说明和各章节的说明。

在总说明中，主要对编制的依据、用途、适用范围、工程内容、有关规定、取费标准和概算造价计算方法等进行阐述。

在分章说明中，包括分部工程量的计算规则、说明、定额项目的工程内容等。

（2）定额表格式（表3-2）。定额表头注有定额的工作内容，定额的计量单位（或在表格内）。表格内有基价、人工、材料和机械费，主要材料消耗量等。

表3-2　预制钢筋混凝土矩形梁概算定额表　　　　　　　　10 m³

概算定额编号			5—46	5—47	5—48	5—49	5—50	5—51
项目			预制钢筋混凝土矩形梁					
			单　梁		连　系　梁		框　架　梁	
			刷　白	粉白灰	刷　白	粉白灰	刷　白	粉白灰
基　价/元			2 432	2 571	2 579	2 718	2 901	3 040
其中	人工费/元		177	215	185	223	226	264
	材料费/元		2 119	2 214	2 159	2 255	2 442	2 537
	机械费/元		136	142	235	240	233	239

定额编号	综合项目	单位	单价	数量	合价	数量	合价	数量	合价	数量	合价	数量	合价	数量	合价
5—102	预制钢筋混凝土矩形梁（0.5 m³内）	10 m³	2 170.38	0.504	1 093.87	0.504	1 093.87	0.504	1 093.87	0.504	1 093.87	0.504	1 093.87	0.504	1 093.87

续表

定额编号	综合项目	单位	单价	数量	合价	数量	合价	数量	合价	数量	合价	数量	合价	数量	合价
5—103	预制钢筋混凝土矩形梁（0.5 m³ 外）	10 m³	2 128.77	0.504	1 072.90	0.504	1 072.90	0.504	1 072.90	0.504	1 072.90	0.504	1 072.90	0.504	1 072.90
	钢筋增量	t	770.05	0.231	177.88	0.231	177.88	0.231	177.88	0.231	177.88	0.231	177.88	0.231	177.88
6—85	单梁安装	10 m³	55.32	1.005	55.60	1.005	55.60	—	—	—	—	—	—	—	—
6—65	连系梁安装	10 m³	201.64	—	—	—	—	1.005	202.65	1.005	202.65	—	—	—	—
6—79	框架梁安装	10 m³	382.27	—	—	—	—	—	—	—	—	1.005	384.18	1.005	384.18
5—83	框架梁接头	10 m³	140.11	—	—	—	—	—	—	—	—	1.000	140.11	1.000	140.11
11—392	梁面刷大白浆	100 m²	27.23	1.040	28.32	—	—	1.040	28.32	—	—	1.040	28.32	—	—
11—24	梁面粉白灰	100 m²	149.61	—	—	1.040	155.59	—	—	1.040	155.59	—	—	1.040	155.59
11—389	抹灰面刷大白浆	100 m²	11.24	—	—	1.040	11.69	—	—	1.040	11.69	—	—	1.040	11.69
人 工 及 主 要 材 料															
合 计 工		工日	—	70.91		86.75		74.02		90.01		90.95		106.94	
钢 筋		t	—	1.823		1.823		1.823		1.823		1.846		1.846	
摊销原条		m³	—	0.208		0.208		0.209		0.209		0.430		0.430	
水 泥		t	—	3.062		3.519		3.062		3.519		3.224		3.681	
砂		m³	—	7.83		9.79		7.53		9.79		7.82		10.08	
砾 石		m³	—	8.34		8.34		8.34		8.34		8.71		8.71	
石 灰		t	—	—		0.493		—		0.493		—		0.490	
铁 件		kg	—	18		18		35		35		60		60	
钢 模		t	—	0.042		0.042		0.042		0.042		0.042		0.042	

五、概算指标

概算指标是以一个建筑物或构筑物为对象，按各种不同的结构类型，确定每 100 m² 或 1 000 m³ 和每座为计量单位的人工、材料和机械台班（机械台班一般不以量列出，用系数计入）的消耗指标（量）或每万元投资额中各种指标的消耗数量。

概算指标比概算定额更加综合扩大，因此，它是编制初步设计或扩大初步设计概算的依据。

概算指标中编有总说明，它指出概算指标的用途、使用条件和使用方法。此外，概算指标还列有结构特征和经济指标，前者则标明了建筑物结构上和构造上的基本特点，后者是概算指标的核心内容，列出结构特征，就限制了概算指标的适用对象和使用条件，概算指标的表示方法有综合指标和单项指标两种形式。

六、基础单价的确定方法

(一)人工单价

1. 人工单价的概念及组成内容

(1)人工单价的概念。人工单价又称人工工日单价,是指一个建筑安装生产工人工作一个工作日应得的劳动报酬,即企业使用工人的技能、时间所给予的补偿。

按我国《劳动法》的规定,一个工作日的工作时间为 8 小时,简称"工日"。合理确定人工工日单价是正确计算人工费和工程造价的前提和基础。

劳动报酬应包括一个人的物质需要和文化需要。具体地讲,应包括本人衣、食、住、行和生、老、病、死等基本生活的需要以及精神文化的需要,还应包括本人基本供养人口(如父母及子女)的需要。

(2)人工单价的构成及组成内容。人工单价的构成在各地区、各部门不完全相同,目前,我国现行规定生产工人的人工工日单价组成如图3-1所示。

①生产工人基本工资。指发放给生产工人的基本工资,包括岗位工资、技能工资和年终工资。它与工人的技术等级有关,一般来说,技术等级越高,工资也越高。

②工资性补贴。是指为了补偿工人额外或特殊的劳动消耗及为了保证工人的工资水平不受特殊条件影响,而以补贴形式支付给工人的劳动报酬,它包括按规定标准发放的物价补贴,煤、燃气补贴,交通费补贴,住房补贴,流动施工津贴及地区津贴。

(3)生产工人辅助工资。指生产工人年有效施工天数以外非作业天数的工资,包括职工学

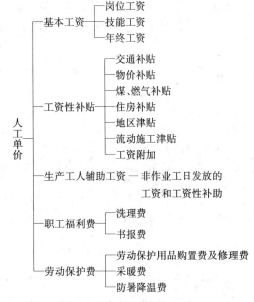

图 3-1 人工单价的构成

习、培训期间的工资,调动工作、探亲、休假期间的工资,因气候影响的停工工资,女工哺乳的工资,病假在 6 个月以内的工资及产、婚、丧假期的工资。

(4)职工福利费。指按规定标准从工资中计提的职工福利费。

(5)生产工人劳动保护费。指按规定标准发放的劳动保护用品的购置费及修理费,采暖费,防暑降温费,在有碍身体健康的环境中施工的保健费用等。

现阶段企业的人工单价大多由企业自己制定,但其中每一项内容都是根据有关法规、政策文件的精神,结合本部门、本地区和本企业的特点,通过反复测算最终确定的。近几年国家陆续出台了养老保险、医疗保险、住房公积金、失业保险等社会保障的改革措施,新的工

资标准会将上述内容逐步纳入人工单价之中。

2. 人工单价的相关概念和确定方法

(1) 人工单价的相关概念。

①有效施工天数。年有效施工天数＝年应工作天数－年非作业天数。

②年应工作天数。按年日历天数365天，减去双休日、法定节假日后的天数。

③年非作业工日。指职工学习、培训、调动工作、探亲、休假，因气候影响，女工哺乳期，6个月以内病假及产、婚、丧假等，在年应工作天数之内而未工作天数。

(2) 人工单价的确定方法。根据"国家宏观调控、市场竞争形成价格"的现行工程造价的确定原则，人工单价是由市场形成，国家或地方不再定级定价。

人工单价与当地平均工资水平、劳动力市场供需变化、政府推行的社会保障和福利政策等有直接联系。不同地区、不同时间（农忙、过节等）的人工单价均有不同。

人工单价即日工资单价，其计算公式如下：

$$人工费＝\sum（工日消耗量×日工资单价）$$

$$日工资单价（G）＝G_1＋G_2＋G_3＋G_4＋G_5$$

①基本工资。

$$基本工资（G_1）＝\frac{生产工人平均月工资}{年平均每月法定工作日}$$

②工资性补贴。

$$工资性补贴（G_2）＝\sum\frac{年发放标准}{全年日历日－法定工作日}＋\sum\frac{月发放标准}{年平均每月法定工作日}＋每工作日发放标准$$

③生产工人辅助工资。

$$生产工人辅助工资（G_3）＝\frac{全年无效工作日×（G_1＋G_2）}{全年日历日－法定工作日}$$

④职工福利费。

$$职工福利费（G_4）＝（G_1＋G_2＋G_3）×福利费计提比例（\%）$$

⑤生产工人劳动保护费。

$$生产工人劳动保护费（G_5）＝\frac{生产工人年平均支出劳动保护费}{全年日历日－法定工作日}$$

3. 建筑安装工程人工费的计算

建筑安装工程人工费应根据定额规定的用工量和相应的工日单价进行计算。即：

$$人工费＝\sum各分部分项工程的用工量×相应人工工日单价$$

4. 影响人工单价的因素

影响建筑安装工人人工单价的因素很多，归纳起来有以下几方面：

(1) 社会平均工资水平。建筑安装工人人工单价必然和社会平均工资水平趋同。社会平均工资水平取决于社会经济发展水平。由于我国改革开放以来经济迅速增长，社会平均工资也有大幅度增长，从而影响到人工单价的大幅提高。

（2）生产消费指数。生产消费指数的提高会带动人工单价的提高，以减少生活水平的下降，或维持原来的生活水平。生活消费指数的变动决定于物价的变动，尤其决定于生活消费品物价的变动。

（3）人工单价的组成内容。例如，住房消费、养老保险、医疗保险、失业保险费等列入人工单价，会使人工单价提高。

（4）劳动力市场供需变化。劳动力市场如果需求大于供给，人工单价就会提高；供给大于需求，市场竞争激烈，人工单价就会下降。

（5）国家政策的变化。如政府推行社会保障和福利政策，会影响人工单价的变动。

需要指出的是，随着我国改革的深入，社会主义市场经济体制的逐步建立，企业按劳分配自主权的扩大，建筑企业工资分配标准早已突破以前企业工资标准的规定。因此，为适应社会主义市场经济的需要，人工单价的确定应主要参考建筑劳务市场来确定。

（二）材料预算价格

1. 材料预算价格的概念

材料预算价格是指材料由其货源地（或交货地点）到达工地仓库（或指定堆放地点）的出库价格，包括货源地至工地仓库之间的所有费用。这里的材料包括构件、半成品及成品。

建筑材料费在建筑安装工程预算造价中占有很大比重，材料费一般占工程造价的60%～70%。预算定额中的材料费，是根据材料消耗定额和材料预算价格计算的。另外，材料预算价格也是建设单位与施工单位、加工订货单位结算其供应的材料、成品及半成品价款的依据。因此，正确编制材料预算价格，有利于降低工程造价，也有利于促进施工企业的经济核算。

2. 材料预算价格的组成及确定方法

材料预算价格由材料原价、供销部门手续费、材料运杂费、采购及保管费组成。

（1）材料原价（或供应价格）。材料原价是指材料的出厂价格，进口材料抵岸价或销售部门的批发牌价和市场采购价格（或信息价）。

在确定原价时，凡同一种材料因来源地、交货地、供货单位、生产厂家不同，而有几种价格（原价）时，根据不同来源地供货数量比例，采取加权平均的方法确定其综合原价。

（2）供销部门手续费。供销部门手续费，指根据国家现行的物资供应体制，不能直接向生产厂采购、订货，需通过物资部门供应而发生的经营管理费用。不经物资供应部门的材料，不计供销部门手续费。

供销部门手续费按费率计算，其费率由地区物资管理部门规定，一般为1%～3%。

（3）材料运杂费。运杂费是指材料由来源地（交货地）起至工地仓库或施工工地（或预制厂）材料堆放点（包括经材料中心仓库转运）为止的全部运输过程中所发生的费用。包括车船等的运输费、调车费、出入库费、装卸费和运输过程中分类整理、堆放的附加费，超长、超重增加费，腐蚀、易碎、危险性物资增加费，笨重、轻浮物资附加费及各种经地方政府物价部门批准的收费站标准收费和合理的运输损耗费等。

运杂费按以下原则计算：

①材料运杂费的项目及各种费用标准，均按当地运输管理部门公布的现行价格和方法计算。

②运杂费的运距应根据运输管理部门规定的运输里程计算办法计算，凡同一种材料有不同供货地点时，应根据建设区域内的工程分布（按造价或建筑面积）比重，确定一个或几个中心点，计算到达中心点的平均里程或采用统一运输系统计算。

③计算材料运输费时，运输管理部门规定运输密度的材料，按其规定计算运输质量，机械装卸或人工装卸应按材料特征和性能，各地根据实际情况确定。

（4）材料采购及保管费。采购及保管费是指材料供应部门（包括工地仓库及其以上各级材料主管部门）在组织采购、供应和保管材料过程中所需的各项费用。

采购及保管费一般按照材料到库价格以费率取定。

3. 影响材料预算价格的因素

影响材料预算价格变动的因素主要有以下几点：

（1）市场供需变化。材料原价是材料预算价格中最基本的组成。市场供大于求，价格就会下降；反之，价格就会上升，从而影响材料预算价格的涨落。

（2）材料生产成本的变动直接涉及材料预算价格的波动。

（3）流通环节的多少和材料供应体制也会影响材料预算价格。

（4）运输距离和运输方法的改变会影响材料运输费用的增减，从而也会影响材料预算价格。

（5）国际市场行情会对进口材料价格产生影响。

4. 材料预算价格的调整

材料预算价格编制完毕颁发执行，就可作为编制工程预（结）算、工程标价及甲乙双方进行工程价款结算的依据，但由于市场供求关系的变化，价格执行区域、时间的变化，材料供应地点、运输工具的变化及运输费率的调整等原因，材料实际价格与预算价格之间就会出现差异，这就是我们常说的材料差价。材料差价超过一定幅度，应进行调整，以使材料预算价格符合实际价格水平，保证工程造价的真实性。

材料预算价格调整的方法主要有：

（1）系数调差。系数调差是指根据工程造价管理部门制定的统一调价综合系数调差，以控制工程造价。因材料预算价格是以中心城市或重点建设区域为适用范围编制的，周围邻近地区执行该价格或者由于编制时间间隔过长，市场价格变动较大，以及由于政策性原因需要调整时，工程造价管理部门根据本地区工程情况和材料的差价定期测算综合系数，公布实行。为计算方便，该系数可按占直接费（也可按占预算定额造价）的百分比确定，供编制预算时进行一次性调整。

（2）单项调差。单项调差，也叫直接调整。在市场经济中，有些材料受市场供求关系变化影响大，价格变化频繁，幅度大，系数调差不能及时反映材料价格的变动情况。采用单项调差，在价格发生变动时，直接进行单项材料的差价调整。为及时反映市场材料价格变化，工程造价管理部门定期公布材料价格信息，供材料调整参考。

上述两种材料调差方法，很少单独使用，一般只适用材料品种较少、价格变化大的专业工程或分部分项工程，如修缮工程、装饰工程等。

（3）单项调差与综合系数调差相结合。工程报价及结算时材料价格的调整，采用单项调差与综合系数调差相结合的办法计算。即对主要材料及用量大、对造价影响较大的材料采用实际单项调差的方法，其余小型材料采用系数调差的方法。

（三）施工机械台班单价

（1）施工机械台班单价的概念。施工机械台班单价亦称施工机械台班使用费，是指一台施工机械在正常运转条件下，一个工作班中所发生的全部费用。

施工机械台班单价以"台班"为计量单位。一台机械工作一班（一般按 8 h 计）就为一个台班。一个台班中为使机械正常运转所支出和分摊的各种费用之和，就是施工机械台班单价，或称台班使用费。机械台班费的比重，将随着施工机械化水平的提高而增加，所以，正确计算施工机械台班单价具有很重要的意义。

（2）施工机械台班单价的组成。施工机械台班单价按照有关规定由七项费用组成，这些费用按其性质分类，划分为第一类费用、第二类费用和其他费用三大类。

①第一类费用（又称固定费用或不变费用）。这些费用不因施工地点、条件的不同而发生大的变化。内容包括折旧费、大修理费、经常修理费、安拆费及场外运输费。

②第二类费用（又称变动费用或可变费用）。这类费用常因施工地点和条件的不同而有较大的变化。内容包括机上人员工资、燃料动力费。

③其他费用。其他费用指上述两类费用以外的其他费用。内容包括车船使用税、牌照费、保险费等。

（3）施工机械台班单价的确定。

1）第一类费用的确定。具体内容如下：

①折旧费。折旧费是指施工机械在规定使用期限内，每一台班所摊的机械原值及支付贷款利息的费用。其计算公式如下：

$$台班折旧费 = \frac{施工机械预算价格 \times (1 - 残值率) + 贷款利息}{耐用总台班}$$

$$施工机械预算价格 = 原价 \times (1 + 购置附加费率) + 手续费 + 运杂费$$

$$残值率=\frac{施工机械残值}{施工机械预算价格}\times100\%$$

$$耐用总台班=修理间隔台班\times修理周期\left(\begin{array}{l}即施工机械从开始投入使用\\到报废前所使用的总台班数\end{array}\right)$$

②大修理费。大修理费是指施工机械按规定的大修理间隔台班进行必要的大修理，以恢复其正常使用功能的大修理费。

$$台班大修费=\frac{一次大修费\times（大修理周期-1）}{耐用总台班}$$

③经常修理费。经常修理费是指施工机械除大修理以外的各级保养及临时故障排除所需的费用。包括保障机械正常运转所需替换设备与随机配备工具附具的摊销及维护费用，机械运转日常保养所需润滑与擦拭的材料费用及机械停置期间的维护保养费用等。

$$台班经常修理费=台班大修理费\times经常修理费系数$$

④安拆费及场外运输费。安拆费是指施工机械在施工现场进行安装、拆卸所需的人工、材料、机械费及试运转费，以及安装所需的辅助设施的折旧、搭设、拆除等费用。

场外运输费指施工机械整体或分件，从停放场地运至施工现场或由一个工地运至另一个工地，运距在 25 km 以内的机械进出场运输及转移费用，包括施工机械的装卸、运输、辅助材料、架线等费用。

$$机械台班安拆及场外运输费=\frac{台班辅助}{设施摊销费}+$$

$$\frac{机械一次\atop 安拆费}\times{年平均安\atop 拆次数}+\left(\begin{array}{c}一次运输\\装卸费\end{array}+\begin{array}{c}辅助材料一\\次摊销费\end{array}+\begin{array}{c}一次架\\线费\end{array}\right)\times{年平均场外\atop 运输次数}}{年工作台班}$$

2）第二类费用的确定。

①燃料动力费。燃料动力费是指机械在运转施工作业中所耗用的固定燃料（煤炭、木材）、液体燃料（汽油、柴油）、电力、水和风力等费用。

$$台班燃料动力费=台班燃料动力消耗量\times燃料或动力单价$$

②人工费。人工费是指机上司机（司炉）和其他操作人员的工作日人工费及上述人员在机械规定的年工作台班以外的人工费。

$$台班人工费=人工消耗量\times\left(1+\frac{年度工作日-年工作台班}{年工作台班}\right)\times人工单价$$

3）其他费用的确定。

①车船使用税是指按照国家和有关部门规定机械应缴纳的车船使用税。

$$台班车船使用税=\frac{年车船使用税+年保险费+年检费用}{年工作台班}$$

②保险费指按有关规定应缴纳的第三者责任险、车主保险费等。

确定施工机械台班费的原理与确定人工费、材料费的原理相同，都是以定额中的各量分别乘以相应的工资标准，材料、燃料动力预算价格，计算出各项费用。但施工机械台班定额具有与其他定额不同的特点，在计算台班费时应加以注意。

【例】某 6 t 载重汽车有关资料如下：销售价为 85 000 元，购置附加费率为 10%，运杂费为 2 800 元，残值率为 2%，耐用总台班为 1 900 个，贷款利息为 4 650 元；一次大修理费为 8 800 元，大修同期 3 个，耐用总台班为 1 800 个；经常修理系数为 5.8；每台班耗用柴油 34.29 kg，每 1 kg 单价 7.6 元；每个台班的机上操作人工工日数为 1.25 个，人工工日单价为 25 元；每年应缴纳保险费 900 元，车船使用税 50 元/t，每年工作台班 240 个，保险费及年险费共计 2 000 元，计算台班单价。

【解】根据上述信息计算如下：

(1) 预算价格＝85 000×（1＋10%）＋2 800＝96 300 元

(2) 台班折旧费＝$\dfrac{96\ 300\times（1-2\%）+4\ 650}{1\ 900}$＝52.12 元/台班

(3) 台班大修理费＝$\dfrac{8\ 800\times（3-1）}{1\ 800}$＝9.78 元/台班

(4) 经常修理费＝9.78×5.8＝56.24 元/台班

(5) 台班燃料费＝34.29×7.6＝260.60 元/台班

(6) 台班人工费＝1.25×25＝31.25 元/台班

(7) 汽车车船使用税＝$\dfrac{6\times50+900}{240}+\dfrac{2\ 000}{240}$＝58.33 元/台班

该载重汽车台班单价＝52.12＋9.78＋56.24＋260.60＋31.25＋58.33＝468.82 元/台班

第二节　工程量清单编制与计价

一、工程量清单编制

（一）工程量清单的组成

根据《建设工程工程量清单计价规范》（GB 50500—2008）规定：工程量清单是表现建设工程的分部分项工程项目、措施项目、其他项目、规费项目和税金项目的名称和相应数量等的明细清单。

（二）分部分项工程量清单的编制

1. 分部分项工程量清单的编制依据

(1)《建设工程工程量清单计价规范》（GB 50500—2008），以下简称《计价规范》；

(2) 招标文件；

(3) 设计文件；

（4）有关的工程施工规范及工程验收规范；

（5）拟采用的施工组织设计和施工技术方案。

2. 分部分项工程量清单的编制程序

清单项目的设置及工程量的计算，编制前要参阅设计文件，认真读取拟建工程项目的内容，对照《计价规范》的项目名称和项目特征，确定具体的分部分项工程名称，然后设置项目编码，接着参照《计价规范》中列出的工程内容，确定分部分项工程量清单的综合工程内容和实际工程量，再按《计价规范》中规定的工程量计算规则，计算工程数量。最后，参考《计价规范》中列出的工程内容，组合分部分项工程量清单的综合工作内容。如图 3-2 所示。

3. 分部分项工程量清单与计价表的格式

分部分项工程量清单与计价表格式如表 3-3 所示。

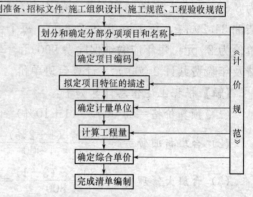

图 3-2　分部分项工程量清单的编制程序

表 3-3　分部分项工程量清单与计价表

工程名称：　　　　　　　　　　　标段：　　　　　　　　　第 页 共 页

序号	项目编码	项目名称	项目特征描述	计量单位	工程量	金　额　/元		
						综合单价	合价	其中：暂估价
1 2								
3 ⋮ n								

注：根据原建设部、财政部发布的《建筑安装工程费用组成》（建标〔2003〕206 号）的规定，为计取规费的使用，可在表中增设："直接费"、"人工费"、"人工费"或"人工费+机械费"。

（1）分部分项工程量清单编码。工程量清单的编码，主要是指分部分项工程工程量清单的编码。

分部分项工程量清单的项目编码，应采用十二位阿拉伯数字表示。一至九位应按附录A、附录 B、附录 C、附录 D、附录 E、附录 F 的规定设置，十至十二位应根据拟建工程的工程量清单项目名称设置，同一招标工程的项目编码不得有重码。

这样的十二位数编码就能区分各种类型的项目，一个项目的编码有五级组成，各级编码的含义如下：

1) 第一级为分类码（分二位），表示《计价规范》规定了的六类工程，即工程类别。01 为建筑工程（附录 A）；02 为装饰装修工程（附录 B）；03 为安装工程（附录 C）；04 为市政工程（附录 D）；05 为园林绿化工程（附录 E）；06 为矿山工程（附录 F）。

2) 第二级为章顺序码（分二位），表示各专业工程的顺序。

例如：建筑工程共分八项专业工程，相当于八章，分别为土（石）方工程（编码 0101），桩与地基基础工程（编码 0102），砌筑工程（编码 0103），混凝土及钢筋混凝土工程（编码 0104），厂库房大门、特种门、木结构工程（编码 0105），金属结构工程（编码 0106），屋面及防水工程（编码 0107），防腐、隔热、保温工程（编码 0108）。

3) 第三级为节顺序码（分二位），表示分部工程顺序码。

4) 第四级为清单项目码（分三位），表示分项工程项目名称顺序码。

5) 第五级为具体清单项目编码，表示清单项目名称顺序码。

项目编码结构如图 3-3 所示。

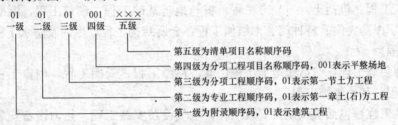

图 3-3 工程量清单编码示意图

(2) 分部分项工程量清单项目名称。

1) 项目名称。项目名称应按附录 A、附录 B、附录 C、附录 D、附录 E、附录 F 的项目名称与项目特征并结合拟建工程的实际确定。

项目名称原则上以形成工程实体而命名。项目名称如有缺项，可按相应的原则进行补充，并报当地工程造价管理部门备案。

2) 项目特征描述。分部分项工程量清单的项目特征是确定一个清单项目综合单价的重要依据，在编制的工程量清单中必须对其项目特征进行准确和全面的描述，通过对项目特征的描述，使清单项目名称清晰化、具体化、细化。项目特征按不同的工程部位、施工工艺或材料品种、规格等分别列项。凡项目特征中未描述到的其他独有特征，由清单编制人视项目具体情况确定，以准确描述清单项目为准。

3) 计量单位。编制工程量清单时，首先确定计量单位，然后再根据工程量计算规则计算工程量。工程量的计量单位应采用基本单位，除各专业另有特殊规定外，均按以下单位计量。

① 以质量计算的项目——吨或千克（t 或 kg）。

②以体积计算的项目——立方米（m^3）。

③以面积计算的项目——平方米（m^2）。

④以长度计算的项目——米（m）。

⑤以自然计量单位计算的项目——个、套、块、橙、组、台……

⑥没有具体数量的项目——系统、项……

工程数量按照计量规则中的工程量计算规则计算，其有效位数遵守下列规定：

①以"吨"为单位，应保留小数点后三位数字，第四位四舍五入；

②以"立方米"、"平方米"、"米"为单位，应保留小数点后两位数字，第三位四舍五入；

③以"个"、"项"等为单位，应取整数。

4）分部分项工程量清单工程数量。工程数量的计算主要通过工程量计算规则计算得到。除另有说明外，所有清单项目的工程量应以实体工程量为准，并以完成后的净值计算。

工程量的计算规则按主要专业划分，包括建筑工程、装饰装修工程、安装工程、市政工程、园林绿化工程和矿山工程六个专业部分。

1）建筑工程：包括土（石）方工程，桩与地基基础工程，砌筑工程，混凝土及钢筋混凝土工程，厂库房大门、特种门、木结构工程，金属结构工程，屋面及防水工程，防腐、隔热、保温工程。

2）装饰装修工程：包括楼地面工程，墙、柱面工程，天棚工程，门窗工程，油漆、涂料、裱糊工程，其他装饰工程。

3）安装工程：包括机械设备安装工程，电气设备安装工程，热力设备安装工程，炉窑砌筑工程，静置设备与工艺金属结构制作安装工程，工业管道工程，消防工程，给排水、采暖、燃气工程，通风空调工程，自动化控制仪表安装工程，通信设备及线路工程，建筑智能化系统设备安装工程，长距离输送管道工程。

4）市政工程：包括土石方工程，道路工程，桥涵护岸工程，隧道工程，市政管网工程，地铁工程，钢筋工程，拆除工程。

5）园林绿化工程：包括绿化工程，园路、园桥、假山工程，园林景观工程。

6）矿山工程：包括露天工程、井巷工程。

4. 分部分项工程量清单的编制步骤和方法

(1) 做好编制清单的准备工作；

(2) 确定分部分项工程的分项及名称；

(3) 确定项目特征的描述；

(4) 确定工程量清单编码；

(5) 确定分部分项清单分项的工程量；

(6) 确定综合单价、分析；

(7) 复核与整理清单文件。

（三）措施项目清单的编制

措施项目是为完成工程项目施工，发生于该工程施工前和施工过程中技术、生活、安全等方面的非工程实体项目。

措施项目清单包括了为完成实体工程而必须采用的一些措施性工作，如施工排水、大型机械设备进出场及安拆等内容。由于不同施工企业会采用不同的施工方法与施工措施，因此，措施项目的工程数量只能按项计列，具体工程量由施工企业自行计算。招标人提出的施工清单是根据一般情况确定的，没有考虑不同投标人的实际情况，如果有清单中未包括，但实际建设过程中需要采用的措施，在投标报价时可自行补充。

措施项目清单的编制应考虑多种因素，除工程本身的因素外，还涉及施工企业的实际情况和水文、气象、环境、安全等。为此《计价规范》提供"通用措施项目一览表"（见表3-4），作为列项的参考。措施项目清单应根据拟建工程的具体情况列项，参照"通用措施项目一览表"所列项目有选择地列项。

项目清单的设置，首先，要参考拟建工程的施工组织设计，以确定环境保护、文明施工、安全施工等项目；其次，参阅施工技术方案，以确定夜间施工、二次搬运、大型机械设备进出场及安拆、混凝土模板与支架、施工排水、施工降水、地上设施、地下设施、建筑物的临时保护设施等项目。参阅相关的施工规范与工程验收规范，可以确定施工技术方案没有表述的，但是为了实现施工规范与工程验收规范要求而必需发生的技术措施；招标文件中提出的为实现要求而必需的一些技术措施；设计文件中一些不足以写进技术方案的却又必要的技术措施等。

表 3-4 通用措施项目一览表

序号	项目名称
1	安全文明施工（含环境保护、文明施工、安全施工、临时设施）
2	夜间施工
3	二次搬运
4	冬雨季施工
5	大型机械设备进出场及安拆
6	施工排水
7	施工降水
8	地上、地下设施，建筑物的临时保护设施
9	已完工程及设备保护

措施项目清单应根据拟建工程的具体情况，参照措施项目一览表列项；若出现措施项目一览表未列项目，编制人可作补充。

（四）其他项目清单的编制

其他项目清单主要体现了招标人提出的一些与拟建工程有关的特殊要求，这些特殊要求所需的金额计入报价中。

工程建设标准的高低、工程的复杂程度、工程的工期长短、工程的组成内容、发包人对工程管理要求等都直接影响其他项目清单的具体内容，其他项目清单宜按照下列内容列项：

（1）暂列金额；

（2）暂估价：包括材料暂估单价、专业工程暂估价；

（3）计日工；

（4）总承包服务费。

1. 其他项目清单的编制规则

（1）暂列金额。暂列金额是指招标人在工程量清单中暂定并包括在合同价款中的一笔款项。

（2）暂估价。暂估价是指招标阶段直至签订合同协议时，招标人在招标文件中提供的用于支付必然发生但暂时不能确定价格的材料以及专业工程的金额。暂估价包括材料暂估单价和专业工程暂估价。暂估价类似于 FIDIC 合同条款中的 Prime Cost Items，在招标阶段预见肯定要发生，只是因为标准不明确或者需要由专业承包人完成，暂时无法确定价格。暂估价数量和拟用项目应当结合工程量清单中的"暂估价表"予以补充说明。

（3）计日工。计日工是为解决现场发生的零星工作的计价而设立的，其为额外工作和变更的计价提供了一个方便快捷的途径。计日工适用的所谓零星工作一般是指合同约定之外的或者因合同变更而产生的、工程量清单中没有相应项目的额外工作，尤其是那些时间不允许事先商定价格的额外工作。计日工以完成零星工作所消耗的人工工时、材料数量、机械台班进行计量，并按照计日工表中填报的适用项目的单价进行计价支付。

（4）总承包服务费。总承包服务费是为了解决招标人在法律、法规允许的条件下进行专业工程发包，以及自行供应材料、设备，并需要总承包人对发包的专业工程提供协调和配合服务，对供应的材料、设备提供收、发和保管服务以及进行施工现场管理时发生，并向总承包人支付的费用。招标人应预计该项费用并按投标人的投标报价向投标人支付该项费用。

2. 其他项目清单编制格式

其他项目清单编制格式如表 3-5 所示。

表 3-5　其他项目清单与计价汇总表

工程名称：　　　　　　　　　　标段：　　　　　　　　　　第　页共　页

序　号	项　目　名　称	计量单位	金额/元	备　　注
1	暂列金额			明细详见表—12—1
2	暂估价			
2.1	材料暂估价		—	明细详见表—12—2
2.2	专业工程暂估价			明细详见表—12—3
3	计日工			明细详见表—12—4
4	总承包服务费			明细详见表—12—5
5				
6				
7				
8				
9				
	合　　计			—
注：材料暂估单价计入清单项目综合单价，此处不汇总。				

（五）规费项目清单的编制

规费是根据省级政府或省级有关权力部门规定必须缴纳的，应计入建筑安装工程造价的费用。根据原建设部、财政部《关于印发〈建筑安装工程费用项目组成〉的通知》（建标〔2003〕206号）的规定，规费包括工程排污费、工程定额测定费、社会保障费（养老保险、失业保险、医疗保险）、住房公积金、危险作业意外伤害保险费。对《建筑安装工程费用项目组成》未包括的规费项目，在编制规费项目清单时应根据省级政府或省级有关权力部门的规定列项。

规费项目清单中应按下列内容列项：

（1）工程排污费；

（2）工程定额测定费；

（3）社会保障费：包括养老保险费、失业保险费、医疗保险费；

（4）住房公积金；

（5）危险作业意外伤害保险。

（六）税金项目清单的编制

税金是国家税法规定的应计入建筑安装工程造价内的营业税、城市建设维护税及教育费附加等。

根据原建设部、财政部《关于印发〈建筑安装工程费用项目组成〉的通知》（建标〔2003〕206号）的规定，目前国家税法规定应计入建筑安装工程造价内的税种包括营业税、城市维护建设税及教育费附加。如国家税法发生变化或地方政府及税务部门依据职权对税种进行了调整，应对税金项目清单进行相应调整。

税金项目清单应按下列内容列项：

（1）营业税；

（2）城市维护建设税；

（3）教育费附加。

（七）工程量清单的整理

工程量清单按规范规定的要求编制完成后，应当反复进行校核，最后按规定的格式统一进行归纳整理。《计价规范》对工程量清单规定了统一的格式，在招标投标工程中，工程量清单必须严格遵照《计价规范》规定的格式执行。其规定格式及填表要求如下：

1.工程量清单的组成内容

（1）封面；

（2）总说明；

（3）汇总表；

（4）分部分项工程量清单表；

（5）措施项目清单表；

（6）其他项目清单表；

（7）规费、税金项目清单与计价表；

（8）工程款支付申请（核准）表。

2．工程量清单的填写规定

（1）封面应按规定的内容填写、签字、盖章，造价员编制的工程量清单应由负责审核的造价工程师签字、签章。

（2）总说明应按下列内容填写：

①工程概况：建设规模、工程特征、计划工期、施工现场实际情况、自然地理条件、环境保护要求等。

②工程招标和分包范围。

③工程量清单编制依据。

④工程质量、材料、施工等的特殊要求。

⑤其他需要说明的问题。

二、工程量清单计价

工程量清单计价中，建设工程造价由分部分项工程费、措施项目费、其他项目费、规费和税金组成。

1．分部分项工程费用计算

分部分项工程量清单计价，是投标人依据招标文件中报价的有关要求、现场的实际情况、拟建工程的具体施工方案，按照《计价规范》的规定，结合企业定额或消耗量定额，进行的自主报价。

分部分项工程量清单费用采用综合单价计价，它综合了完成工程量清单中一个规定的计量单位项目所需的人工费、材料费、施工机械使用费、管理费和利润，并考虑了风险因素。应按设计文件或参照《计价规范》附录的工程内容确定。其格式如下：

$$分部分项工程费＝\sum（工程量\times综合单价）$$

其中：人工费是指直接从事建筑安装工程施工的生产工人开支的各项费用。

材料费指施工过程中耗费的构成工程实体的原材料、辅助材料、构配件、零件、半成品的费用。

施工机械使用费指使用施工机械作业所发生的费用。

管理费指建筑安装企业组织施工生产和经营管理所需费用。

利润指按企业经营管理水平和市场的竞争能力，完成工程量清单中各个分项工程应获得并计入清单项目中的利润。

2．措施项目费用计算

措施项目费是指施工企业为完成工程项目施工，发生于该工程施工前和施工过程中生产、生活、安全等方面的非工程实体费用。措施项目费用包括施工技术措施项目费用和施工组织措施项目费用。措施项目费用结算需要调整的，必须在招标文件或合同中明确。

措施费的计算方法有按费率系数计算、按综合单价计算和按经验计算三种。

一般来说：

$$措施项目费 = \sum（措施项目的工程量 \times 措施项目的综合单价）$$

3. 其他项目费用计算

工程建设标准的高低、工程的复杂程度、工程的工期长短、工程的组成内容、发包人对工程管理的要求等都直接影响其他项目清单的具体内容和计价。

（1）暂列金额。为保证工程施工建设的顺利实施，应对施工过程中可能出现的各种不确定因素对工程造价的影响，在招标控制价中估算一笔暂列金额。暂列金额可根据工程的复杂程度、设计深度、工程环境条件（包括地质、水文、气候条件等）进行估算，一般可按分部分项工程费的 10%～15% 作为参考。

（2）暂估价。暂估价包括材料暂估价和专业工程暂估价。编制招标控制价时，材料暂估单价应按工程造价管理机构发布的工程造价信息中的材料单价计算，工程造价信息未发布的材料单价，其单价参考市场价格估算。

专业工程暂估价应分不同的专业，按有关计价规定进行估算。

（3）计日工。计日工包括计日工人工、材料和施工机械费用。在编制招标控制价时，对计日工中的人工单价和施工机械台班单价应按省级、行业建设主管部门或其授权的工程造价管理机构公布的单价计算；材料应按工程造价管理机构发布的工程造价信息中的材料单价计算，工程造价信息未发布材料单价的材料，其价格应按市场调查确定的单价计算。

（4）总承包服务费。编制招标控制价时，总承包服务费应按照省级或行业建设主管部门的规定计算，可以以下面列出的标准作为参考：

①招标人仅要求对分包的专业工程进行总承包管理和协调时，按分包的专业工程估算造价的 1.5% 计算；

②招标人要求对分包的专业工程进行总承包管理和协调，并同时要求提供配合服务时，根据招标文件列出的配合服务内容和提出的要求，按分包的专业工程估算造价的 3%～5% 计算；

③招标人自行供应材料的，按招标人供应材料价值的 1% 计算。

4. 规费和税金计算

（1）规费的计算。规费按当地有关部门的规定计算。如某地规费的计算规定如下：

①工程排污费。按每平方米建筑面积每月 0.4 元计算，最高按 10 个月计。如某工程施工工期 13 个月，建筑面积 18 000 m²，则：工程排污费 = 0.4×10×18 000 = 72 000（元）。

②工程定额测定费。按（分部分项工程费＋措施项目费＋其他项目费）×0.14% 计算。

③社会保障费。社会保障费包括养老保险费、失业保险费、医疗保险费。

养老保险费：按分部分项工程人工费的 8%～14% 计算。

失业保险费：按分部分项工程人工费的 1%～2% 计算。

医疗保险费：按分部分项工程人工费的 4%～6% 计算。

④住房公积金。按分部分项工程人工费的 3%～6% 计算。

⑤危险作业意外伤害保险费。按分部分项工程人工费的 0.5% 计算。

（2）税金的计算。

1）税金规定。根据我国现行税法规定，建筑安装工程的税金包括营业税、城市维护建设税和教育费附加三部分。税率如下：

①营业税＝营业额×3%。

②城市维护建设税＝营业税×7%（工程所在地在市区）；

城市维护建设税＝营业税×5%（工程所在地在县城、镇）；

城市维护建设税＝营业税×1%（工程所在地不在市区、县城、镇）。

③教育费附加＝营业税 ×3%。由于营业税是按"营业额"计算，而"营业额"包括税金本身，营业额（即工程总造价）＝分部分项工程费＋措施费＋其他项目费＋规费＋税金。但是，在计算营业税时税金还未计算出来，所以税金只能按"税前造价"计算（税前造价是分部分项工程费、措施费、其他项目费及规费之和）。所以税金的计算方法只能是：税金＝（分部分项工程费＋措施费＋其他项目费＋规费）×总税金率。

根据上述规定，总税金率分别为：

①工程在市区：总税金率＝$\dfrac{3\% \times (1+7\%+3\%)}{1-3\% \times (1+7\%+3\%)}$＝3.41%

②工程在县城、镇：总税金率＝$\dfrac{3\% \times (1+5\%+3\%)}{1-3\% \times (1+5\%+3\%)}$＝3.35%

③工程不在县城、镇：总税金率＝$\dfrac{3\% \times (1+1\%+3\%)}{1-3\% \times (1+1\%+3\%)}$＝3.22%

2）税金计算。税金的计算见下列各式：

工程在市区：税金＝（分部分项工程费＋措施费＋其他项目费＋规费）×3.41%

工程在县城、镇：税金＝（分部分项工程费＋措施费＋其他项目费＋规费）×3.35%

工程不在县城、镇：税金＝（分部分项工程费＋措施费＋其他项目费＋规费）×3.22%

5. 工程总费用的计算

（1）单位工程费。单位工程费＝分部分项工程费＋措施费＋其他项目费＋规费＋税金。

（2）单项工程费计算。将"建筑工程"、"装饰工程"、"安装工程"等各个单位工程费汇总即可。

第三节　企业定额

一、企业定额的概念

企业定额又称施工定额，是施工企业的生产定额，是施工企业管理工作的基础。企业定额是按照平均先进的水平制定的，它以同一性质的施工过程为测算对象，以工序定额为基础，规定某种建安单位产品的人工消耗量、材料消耗量和施工机械台班消耗量的数量标准。

企业定额是施工企业最基本的定额，它由劳动定额、材料消耗定额和施工机械台班消耗定额组成。它不同于劳动定额，也不同于预算定额。它从水平上近似劳动定额，也考虑劳动定额分工种做法，但比劳动定额粗，步距大些，工作内容也有适当的综合扩大。从分部方法和包括内容上接近预算定额，但企业定额要比预算定额细些，要考虑劳动组合。

企业定额主要用于施工企业内部组织现场施工和进行经济核算。它是编制施工预算、施工作业计划、实行计件工资和内部经济承包、考核工程成本、计算劳动报酬和奖励的依据，也是编制预算定额和补充单位估价表的基础资料。制定先进合理的企业定额是企业管理的重要基础工作，它对有计划的组织生产、实行经济核算、提高劳动生产率及推进技术进步有着十分重要的促进作用。

二、企业定额的性质

企业定额是建筑安装企业内部管理的定额。企业定额影响范围涉及企业内部管理的方方面面，包括企业生产经营活动的计划、组织、协调、控制和指挥等各个环节。企业应根据本企业的具体条件和可能挖掘的潜力、市场的需求和竞争环境，根据国家有关政策、法律和规范、制度，自己编制定额，自行决定定额的水平，当然允许同类企业和同一地区的企业之间存在定额水平的差距。

三、企业定额的特点

作为企业定额，必须具备以下特点。

（1）各项平均消耗要比社会平均水平低，体现其先进性。

（2）可以表现本企业在某些方面的技术优势。

（3）可以表现本企业局部或全面管理方面的优势。

（4）所有匹配的单价都是动态的，具有市场性。

（5）与施工方案能全面接轨。

四、企业定额的作用

企业定额为施工企业编制施工作业计划、施工组织设计和施工预算提供了必要的技术依据，具体来说，它在施工企业中起着如下的作用。

1. 企业定额是企业计划管理的依据

企业定额在企业计划管理方面的作用，表现在它既是企业编制施工组织设计的依据，也是企业编制施工作业计划的依据。

施工作业计划是根据企业的施工计划、拟建工程的施工组织设计和现场实际情况编制的。这些计划的编制必须依据施工定额。因为施工组织设计包括三部分内容：即资源需用量、使用这些资源的最佳时间安排和平面规划。施工中实物工作量和资源需要量的计算均要以施工定额的分项和计量单位为依据。施工作业计划是施工单位计划管理的中心环节，编制时也要用施工定额进行劳动力、施工机械和运输力量的平衡；计算材料、构件等分期需用量和供应时间；计算实物工程量和安排施工形象进度。

2. 企业定额是编制施工组织设计的依据

施工组织设计是指导拟建工程进行施工准备和施工生产的技术经济文件，其基本任务是根据招标文件及合同协议的规定，确定出经济合理的施工方案，在人力和物力、时间和空间、技术和组织上对拟建工程作出最佳的安排。在编制施工组织设计中，尤其是单位工程的作业设计，需要确定人工、材料和施工机械台班等资源消耗量，拟定使用资源的最佳时间安排，编制工程进度计划，以便于在施工中合理地利用时间、空间和资源。依靠施工定额能比较精确地计算出劳动力、材料、设备的需要量，以便于在开工前合理安排各基层的施工任务，做好人力、物力的综合平衡。

3. 企业定额是企业激励工人的条件

激励在实现企业管理目标中占有重要位置。所谓激励，就是采取某些措施激发和鼓励员工在工作中的积极性和创造性。行为科学者研究表明，如果职工受到充分的激励，其能力可发挥 80%～90%；如果缺少激励，仅仅能够发挥出 20%～30% 的能力。但激励只有在满足人们某种需要的情形下才能起到作用。完成和超额完成定额，不仅能获取更多的工资报酬以满足生理需要，而且也能满足自尊和获取他人（社会）认同的需要，并且进一步满足尽可能发挥个人潜力以实现自我价值的需要。如果没有企业定额这种标准尺度，实现以上几个方面的激励就缺少必要的手段。

4. 企业定额是施工企业进行工程投标、编制工程投标报价的基础和主要依据

企业定额反映本企业施工生产的技术水平和管理水平。在确定工程投标报价时，首先是根据企业定额计算出施工企业拟完成投标工程需要发生的计划成本。在掌握工程成本的基础上，再根据所处的环境和条件，确定在该工程上拟获得的利润、预计的工程风险费用和其他应考虑的因素，从而确定投标报价。因此，企业定额是施工企业编制计算投标报价的根基。

由此可见，企业定额在建筑安装企业管理的各个环节中都是不可缺少的，企业定额管理是企业的基础性工作，具有不容忽视的作用。

企业定额在工程建设定额体系中的基础作用，是由企业定额作为生产定额的基本性质决定的。企业定额和生产结合最紧密，它直接反映生产技术水平和管理水平，而其他各类定额则是在较高的层次上、较大的跨度上反映社会生产力水平。

企业定额作为工程建设定额体系中的基础，还表现在企业定额的水平是确定概、预算定额和指标消耗水平的基础，也是确定建筑安装工程预算定额水平的基础。

以企业定额水平作为预算定额水平的计算基础，可以免除测定定额水平的大量繁琐工作，缩短工作周期，使预算定额与实际的生产和经营管理水平相适应，并能保证施工中的人力、物力消耗得到合理的补偿。

第四节 其 他 依 据

一、工程技术文件

工程技术文件是反映建设工程项目的规模、内容、标准、功能等的文件。只有根据工程技术文件，才能对工程的分部组合即工程结构作出分解，得到计算的基本子项。只有依据工程技术文件及其反映的工程内容和尺寸，才能测算或计算出工程实物量，得到分部分项工程的实物数量。因此，工程技术文件是确定建设工程投资的重要依据。

在工程建设的不同阶段所产生的工程技术文件是不同的。

在项目决策阶段，工程技术文件表现为项目策划文件、功能描述书、项目建议书或可行性研究报告等。投资估算的编制依据，主要就是上述的工程技术文件。

在初步设计阶段，工程技术文件主要表现为初步设计所产生的初步设计图纸及有关设计资料。设计概算的编制，主要是以初步设计图纸等有关设计资料作为依据。

随着工程设计的深入，进入详细设计即施工图设计阶段。工程技术文件又表现为施工图设计资料，包括建筑施工图纸、结构施工图纸、设备施工图纸、其他施工图纸和设计资料。施工图预算的编制必须以施工图纸等有关工程技术文件为依据。

在工程招标阶段，工程技术文件主要是以招标文件、建设单位的特殊要求、相应的工程设计文件等来体现。

工程建设各个阶段对应的建设工程投资的差异，是因为人们的认识不能超越客观条件。在建设前期工作中，特别是项目决策阶段，人们对拟建项目的筹划难以详尽、具体，因而对建设工程投资的确定也不可能很精确。随着工程建设各个阶段工作的深化且愈接近后期，掌握的资料愈多，人们对工程建设的认识就愈接近实际，建设工程投资的确定也就愈接近实际投资。由此可见，影响建设工程投资确定的准确性的因素之一是人们掌握工程技术文件的深度、完整性和可靠性。

二、要素市场价格信息

要素价格是影响建设工程投资的关键因素，要素价格是由市场形成的。建设工程投资采用的基本子项所需资源的价格来自市场，随着市场的变化，要素价格亦随之发生变化。因此，建设工程投资必须随时掌握市场价格信息，了解市场价格行情，熟悉市场上各类资源的供求变化及价格动态。这样，得到的建设工程投资才能反映市场，反映工程建造所需的真实费用。构成建设工程投资的要素包括人工、材料、施工机械等。

三、建设工程环境条件

建设工程所处的环境和条件，也是影响建设工程投资的重要因素。环境和条件的差异或变化，会导致建设工程投资大小的变化。工程的环境和条件，包括工程地质条件、气象条件、现场环境与周边条件，也包括工程建设的实施方案、组织方案、技术方案等。例如国际工程承包，承包商在进行投标报价时，需通过充分的现场环境和条件调查，了解和掌握对工程价格产生影响的内容和方面，如工程所在国的政治情况、经济情况、法律情况，交通、运输、通信情况，生产要素市场情况，历史、文化、宗教情况；气象资料、水文资料、地质资料等自然条件，工程现场地形地貌、周围道路、临近建筑物、市政设施等施工条件，其他条件等；工程业主情况，设计单位情况，咨询单位情况，竞争对手情况等。只有在掌握了工程的环境和条件以后，才能做出准确的报价。

四、其他

国家对建设工程费用计算的有关规定，按国家税法规定须计取的相关税费等，都构成了建设工程投资确定的依据。

本 章 小 结

建设工程投资在不同阶段的表现形式分别为投资估算、设计概算、施工图预算、投标报价、竣工决算价等。采用何种建设工程投资的计算方法和表现形式，主要取决于对建设工程的了解程度与建设工作的深度。因此，此章重点阐述的是建设工程投资确定的依据，即进行建设工程投资确定所必需的基础数据和资料，主要包括工程定额、工程量清单、要素市场价格信息、工程技术文件、环境条件与工程建设实施组织和技术方案等。

思 考 与 练 习

1. 简述建设工程投资确定的依据。
2. 简述建设工程定额的分类。
3. 简述基础单价中人工单价、材料预算价格、机械台班单价的确定方法。
4. 工程量清单编制的内容和工程量清单计价的方法有哪些？
5. 简述企业定额的含义和作用。

第四章　建设项目投资决策

学习重点

1. 建设项目投资决策体系的构成。
2. 建设项目可行性研究的内容。
3. 建设项目投资估算的内容和编制方法。
4. 建设项目财务评价指标体系。
5. 建设项目财务评价方法。

培养目标

掌握建设项目投资估算的编制办法；熟悉建设项目财务评价指标体系及评价办法。

第一节　建设项目投资决策概述

一、决策的概念和原则

1. 决策的概念

决策是为了达到更有效地进行资源（包括物资资源、人力资源、货币资源等）的配置和利用的目的，而在可供选择的方案中作出有利的抉择。决策必须在多方案基础上进行。仅一个方案供选择，也就无所谓决策。同时，决策不是一个瞬间的动作，它是一个过程。一个合理的决策过程包含的基本步骤如图 4-1 所示。

2. 决策的原则

(1) 令人满意的标准。"令人满意"，就是"过得去"。令人满意的标准有一个上限和下限，只要选择和确定了上限和下限，那么在上限和下限范围内，就都是可以被接受的。决策标准是令人满意的标准，而不是最优标准。

(2) 令人满意的近似解。近似解是指要设法找到一个适合令人满意的要求的解，而不一定是最优解。近似解是现实世界中的令人满意的解。在现实世界中，只有少数的情况是比较简单的，涉及的变量是比较少的。只有在这种场合，才能用微积分的方法求极大值和极小值；而在大多数情况下，现实世界中所适用的不是这种最优解。

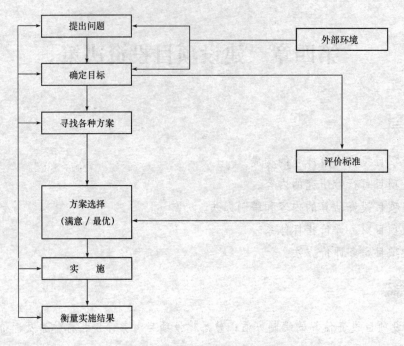

图 4-1　决策的基本步骤示意图

二、建设项目投资决策体系

项目决策体系是指不同决策主体间的权力构成，包括权力的划分及相互间的联系和制约。

1. 国家决策权

国家决策权即国家政府部门对建设项目所拥有的决策权。国家是社会主义市场经济的领导者和组织者，与这一地位相适应，国家决策权在决策体系中必须是主导地位。社会主义国家投资体制改革的经验教训说明，在企业取得较大的投资决策权后，如果国家的决策权不占主导地位，就会对国民经济的协调发展带来威胁。强调国家决策的主导地位，目的是要国家通过投资来宏观控制经济命脉。

2. 企业决策权

企业自主权的扩大要求企业必须具有相应的投资决策权。企业自我改造和自我发展的能力就意味着企业必须具有一定的投资决策权。其原因主要如下：

（1）企业的投资决策权与经营权是不可分离的，如果我们不允许企业有投资决策权，实际上就是不让企业支配大部分自有资金，这样所谓的经营自主权也就成了一句空话。

（2）有了投资决策权，企业才能追求自身的长远利益，才会有兴旺发达的持久动力。

（3）有了投资决策权，企业才会有真正的竞争。

实践也已证明，靠统一的指令性计划来安排和控制每一项投资和每个建设项目是不可行的。随着社会主义市场经济的进一步规范及企业自主权的扩大，企业所拥有的投资决策权逐步规范。只要国家制定出一个科学的指导性计划，并利用税收、利率等经济手段，就能保证企业投资沿着正确的方向发展。

3. 银行的参与决策权

银行，尤其是建设银行，在项目决策体系中占有重要地位。国家和企业是投资的主体，银行是资金的供应者，银行正是以资金供应者的身份参与投资主体的项目活动的。

银行参与项目决策的权力与其提供的资金的性质和数量相一致。正因为如此，银行参与国家决策同参与企业决策作用是不同的。对于国家指令性计划下达的项目，银行只具有参谋建议权。这些项目的投资虽然都来自于银行贷款，但这些贷款仍具有财政性质。在项目未决策之前，银行可以向国家决策机构提供信息并提出建议。一旦做出决策，银行必须按国家指令性计划适时供应贷款。

银行参与企业决策的作用则与以上情况大不相同。这是因为银行提供给企业的贷款在性质上与前者大不相同。银行对企业提供的是真正的信贷资金，银行与企业的关系是真正的信贷关系。信贷双方对于投资效果的好坏都有直接的利害关系。银行用贷与不贷、贷多贷少以及高息低息等经济手段，直接影响着企业的投资决策。银行对企业投资决策影响作用的大小决定于企业使用多少银行贷款。项目投资中有一份银行贷款，银行就在项目决策中有一份发言权。一旦银行贷款占了项目投资的一半以上，银行就会与企业一样，成为主要决策者之一。

国家决策权、企业决策权、银行参与决策权的合理划分与有机结合构成了我国项目决策体系的主体。随着经济体制改革的深入发展，这一决策体系还要进一步发展和完善，股份经济的出现将使国家、企业、个人以及银行的决策关系趋于复杂，外商独资企业、合资企业以及私人企业对决策体系又增加新的内容。在改革的进程中，一个以国家、企业与银行决策关系为主体，以其他决策关系为补充的适应于我国国情的项目决策体系必将成熟起来。

三、建设项目决策阶段工程造价控制的主要工作内容

1. 合理确定拟建项目的建设规模

确定拟建项目的建设规模，就是要合理选择拟建项目的生产规模，解决"生产多少"的问题。生产规模小，资源配置低劣，生产成本高，经济效益较低；生产规模大，可能造成产品积压，供大于求，最后只能降价销售，致使经济效益降低。因而只有合理确定建设项目的规模，才能保证工程投资的合理性，从而保证拟建项目建设的可行性。

2. 合理确定建设标准

确定的建设标准是否合理，对工程造价具有很大影响。建设标准水平越高，工程造价则越高，可能超出我国的实际经济承受能力，这是不现实的；建设标准水平太低，将会影响人民生活水平的提高，制约建筑技术的发展。确定合理的建设标准，是建设项目决策阶段工程造价的确定与控制的一项重要内容。

3. 建设地区及建设地点的选择

建设地区及建设地点选择得合理与否，在很大程度上决定着拟建项目造价的高低、建设工期的长短、建设质量的好坏及项目建成后的经营状况。因此，在建设地区及建设地点的选择过程中，应当充分考虑各种因素的制约，进行方案的技术经济分析与评价，选择最优的厂址。

4. 拟建项目设计方案的确定

拟建项目设计方案包括生产工艺方案的确定和主要设备的选择。拟建项目设计方案是确定工程造价的决定因素，建设项目投资的大小主要取决于项目的设计方案。

5. 投资估算

投资估算包括项目投资总额、资金筹措和投资使用计划。准确、全面地估算建设项目的工程造价，是项目可行性研究、项目投资决策阶段造价管理的重要任务。

6. 项目的经济评价

建设项目经济评价是项目可行性研究的有机组成部分和重要内容，实行项目决策科学化的重要手段。

第二节　建设项目可行性研究

一、可行性研究概述

1. 可行性研究的概念

可行性研究是对工程项目作出是否投资的决策之前，进行技术经济分析论证的科学分析方法和技术手段。

可行性研究是指对某工程项目在作出是否投资的决策之前，先对与该项目有关的技术、经济、社会、环境等所有方面进行调查研究，对项目各种可能的拟建方案认真地进行技术经济分析论证，研究项目在技术上的先进性、适宜性、适用性，在经济上的合理、有利、合算性和建设上的可能性，对项目建成投产后的经济效益、社会效益、环境效益等进行科学的预测和评价，据此提出该项目是否应该投资建设，以及选定最佳投资建设方案等结论性意见，**为项目投资决策部门提供进行决策的依据**。

可行性研究广泛应用于新建、改建和扩建项目。在项目投资决策之前，通过做好可行性研究，使项目的投资决策工作建立在科学性和可靠性的基础之上，从而实现项目投资决策科学化，减少和避免投资决策的失误，提高项目投资的经济效益。

2. 可行性研究的阶段划分

为了节省投资，减少资源浪费，避免对早期就应淘汰的项目做无效研究，一般将可行性研究分为机会研究、初步可行性研究和可行性研究（有时也叫详细可行性研究）三个阶段。机会研究证明效果不佳的项目，就不应再进行初步可行性研究；同样，如果初步可行性研究结论为不可行，则不必再进行可行性研究。对于投资额较大、建设周期较长、内外协作配套关系较多的建设工程，可行性研究的工作期限也相应较长。

可行性研究各阶段的深度要求可参照表 4-1。

表 4-1 可行性研究各阶段的深度要求

可行性研究阶段划分	工作深度	基础数据估算精度/%	研究费用占投资总额的/%	所需时间/月
机会研究	在若干个可能的投资机会中进行鉴别和筛选	±30	0.1～1.0	1～2
初步可行性研究	对选定的投资项目进行市场分析，进行初步技术经济评价，确定是否需要进行更深入的研究	±20	0.25～1.25	2～3
可行性研究	对需要进行更深入可行性研究的项目进行更细致的分析，减少项目的不确定性，对可能出现的风险制定防范措施	±10	大项目 0.2～1.0 小项目 1.0～3.0	3～6 或更长

初步可行性研究完成后，一般要向主管部门提交项目建议书；可行性研究完成后，合作方、合资方、主管部门或银行要组织专家对可行性研究报告进行评估，据此对可行性研究报告进行审批，以进一步提高决策的科学性。

3. 可行性研究的作用

可行性研究是项目建设前期工作的重要组成部分，其主要有如下作用。

（1）作为建设项目投资决策的依据。由于可行性研究对与建设项目有关的各个方面都进行了调查研究和分析，并以大量数据论证了项目的先进性、合理性、经济性，以及其他方面的可行性，这是建设项目投资建设的首要环节。项目主管机关主要是根据项目可行性研究的评价结果，并结合国家的财政经济条件和国民经济发展的需要，作出此项目是否应该投资和如何进行投资的决定。

（2）作为筹集资金和向银行申请贷款的依据。银行通过审查项目可行性研究报告，确认了项目的经济效益水平和偿还能力，并不承担过大风险时，银行才能同意贷款。这对合理利用资金，提高投资的经济效益具有积极作用。

（3）作为该项目的科研试验、机构设置、职工培训、生产组织的依据。根据批准的可行性研究报告，进行与建设项目有关的科技试验，设置相符的组织机构，进行职工培训，以及合理的组织生产等工作安排。

（4）作为向当地政府、规划部门、环境保护部门申请建设执照的依据。可行性研究报告经审查，符合市政当局的规定或经济立法，对污染处理得当，不造成环境污染时，方能发给建设执照。

（5）作为该项目工程建设的基础资料。建设项目的可行性研究报告，是项目工程建设的重要基础资料。项目建设过程中的技术性更改，应认真分析其对项目经济效益指标的影响程度。

（6）作为对该项目考核的依据。建设项目竣工，正式投产后的生产考核，应以可行性研究所制订的生产纲领、技术标准以及经济效果指标作为考核标准。

4. 可行性研究的基本工作步骤

可行性研究的基本工作步骤如图 4-2 所示。大致可以概括为：

（1）签订委托协议；

（2）组建工作小组；

（3）制订工作计划；

（4）市场调查与预测；

（5）方案编制与优化；

（6）项目评价；

（7）编写可行性研究报告；

（8）与委托单位交换意见。

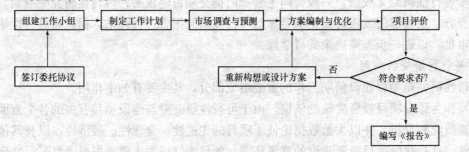

图 4-2　可行性研究的基本工作步骤

二、可行性研究报告

1. 可行性研究报告编制的依据

对建设项目进行可行性研究，编制可行性研究报告的主要依据如下：

（1）国民经济发展的长远规划，国家经济建设的方针、任务和技术经济政策。按照国民经济发展的长远规划和国家经济建设方针确定的基本建设的投资方向和规模，提出需要进行可行性研究的项目建议书。这样可以有计划地统筹安排各部门、各地区、各行业以及企业产品生产的协作与配套项目，有利于搞好综合平衡，也符合我国经济建设的要求。

（2）项目建议书和委托单位的要求。项目建议书是作各项准备工作和进行可行性研究的重要依据，只有在项目建议书经上级主管部门和国家计划部门审查同意，并经汇总平衡纳入建设前期工作计划后，方可进行可行性研究的各项工作。建设单位在委托可行性研究任务时，应向承担可行性研究工作的单位提出建设项目的目标和其他要求，以及说明有关市场、原材料、资金来源等。

（3）有关的基础资料。进行厂址选择、工程设计、技术经济分析，需要可靠的地理、气象、地质等自然和经济、社会等基础资料和数据。

（4）有关的技术经济方面的规范、标准、定额等指标。承担可行性研究的单位必须具备这些资料，因为这些资料都是进行项目设计和技术经济评价的基本依据。

（5）有关项目经济评价的基本参数和指标。例如：基准收益率、社会折现率、固定资产折旧率、外汇率、价格水平、工资标准、同类项目的生产成本等，这些参数和指标都是进行项目经济评价的基准和依据。

2. 可行性研究报告的编写要求

编制可行性研究报告的主要要求有以下几点。

（1）确保可行性研究报告的真实性和科学性。可行性研究是一项技术性、经济性、政策性很强的工作。编制单位必须保持独立性和和公正性，遵照事物的客观经济规律和科学研究工作的客观规律办事，在调查研究的基础上，按客观实际情况实事求是地进行技术经济论证、技术方案比较和评价，切忌主观臆断、行政干预、划框框、定调子。保证可行性研究的严肃性、客观性、真实性、科学性和可靠性，确保可行性研究的质量。

（2）编制单位必须具备承担可行性研究的条件。建设项目可行性研究报告的内容涉及面广，还有一定的深度要求，因此，需要由具备一定的技术力量、技术装备、技术手段和相当实践经验等条件的工程咨询公司、设计院等专门单位来承担。参加可行性研究的成员应由工业经济专家、市场分析专家、工程技术人员、机械工程师、土木工程师、企业管理人员、财会人员等组成，必要时可聘请地质、土壤等方面的专家短期协助工作。

（3）可行性研究的内容和深度及计算指标必须达到标准要求。不同行业、不同性质、不同特点的建设项目，其可行性研究的内容和深度及计算指标，必须满足作为项目投资决策和进行设计的要求。

（4）可行性研究报告必须经过签字与审批。可行性研究报告编完之后，应有编制单位的行政、技术、经济方面的负责人签字，并对研究报告的质量负责。另外，还须上报主管部门审批。通常大中型项目的可行性研究报告，由各主管部门、各省、市、自治区或全国性专业公司负责预审，报国家发改委审批，或由国家发改委委托有关单位审批。小型项目的可行性研究报告，按隶属关系由各主管部、各省、市、自治区审批。重大和特殊建设项目的可行性研究报告，由国家发改委会同有关部门预审，报国务院审批。可行性研究报告的预审单位，对预审结论负责。可行性研究报告的审批单位，对审批意见负责。若发现工作中有弄虚作假现象时，应追究有关负责人的责任。

3. 可行性研究报告的内容

根据国家相关部门批复的有关规定，项目可行性研究报告，一般应按以下结构和内容编写。

（1）总论。主要说明项目提出的背景、概况，以及问题及建议。

（2）市场调查与预测。市场分析包括市场调查和市场预测，是可行性研究的重要环节。其内容包括：市场现状调查；产品供需预测；价格预测；竞争力分析；市场风险分析。

（3）资源条件评价。主要内容包括资源可利用量；资源品质情况；资源贮存条件；资源开发价值。

（4）建设规模与产品方案。主要内容包括建设规模与产品方案构成；建设规模与产品方案比选；推荐的建设规模与产品方案；技术改造项目与原有设施利用情况等。

（5）场址选择。主要内容为场址现状；场址方案比选；推荐的场址方案；技术改造项目当前场址的利用情况。

（6）技术方案、设备方案和工程方案。主要内容包括技术方案选择；主要设备方案选择；工程方案选择；技术改造项目改造前后的比较。

（7）原材料燃料供应。主要内容包括主要原材料供应方案；燃料供应方案。

（8）总图、运输与公用辅助工程。主要内容包括总图布置方案；场内外运输方案；公用工程与辅助工程方案；技术改造项目现有公用辅助设施利用情况。

（9）节能措施。主要内容包括节能措施；能耗指标分析。

（10）节水措施。主要内容包括节水措施；水耗指标分析。

（11）环境影响评价。主要内容包括环境条件调查；影响环境因素分析；环境保护措施。

（12）劳动安全卫生与消防。主要内容包括危险因素和危害程度分析；安全防范措施；卫生保健措施；消防设施。

（13）组织机构与人力资源配置。主要内容包括组织机构设置及其适应性分析；人力资源配置；员工培训。

（14）项目实施进度。主要内容包括建设工期；实施进度安排；技术改造项目建设与生产的衔接。

（15）投资估算。主要内容包括建设投资估算；流动资金估算；投资估算表。

（16）融资方案。主要内容包括融资组织形式；资本金筹措；债务资金筹措；融资方案分析。

（17）财务评价。主要内容包括财务评价基础数据与参数选取；销售收入与成本费用估算；财务评价报表；盈利能力分析；偿债能力分析；不确定性分析；财务评价结论。

（18）国民经济评价。主要内容包括影子价格及评价参数选取；效益费用范围与数值调整；国民经济评价报表；国民经济评价指标；国民经济评价结论。

（19）社会评价。主要内容包括项目对社会影响分析；项目与所在地互适性分析；社会风险分析；社会评价结论。

（20）风险分析。主要内容包括项目主要风险识别；风险程度分析；防范风险对策。

（21）研究结论与建议。主要内容包括推荐方案总体描述；推荐方案优缺点描述；主要对比方案；结论与建议。

4. 可行性研究报告的评估

可行性研究报告的评估，主要是对拟建的建设项目的可行性研究报告进行复查和再评价，审核其内容是否确实，分析和计算是否正确。一般包括以下几方面的评估：

(1) 建设项目必要性的评估；

(2) 建设条件与生产条件的评估；

(3) 工艺、技术、设备评估；

(4) 建设项目的建设方案和标准的评估；

(5) 基础经济数据的测算与评估；

(6) 财务效益评估；

(7) 国民经济效益评估；

(8) 社会效益评估；

(9) 不确定性分析评估等。

第三节　建设项目投资估算的编制与审查

一、投资估算概述

1. 投资估算的概念

投资估算是在对项目的建设规模、产品方案、工艺技术及设备方案、工程方案及项目实施进度等进行研究并基本确定的基础上，估算项目所需资金总额（包括建设投资和流动资金）并测算建设期分年资金使用计划。投资估算是拟建项目编制项目建议书、可行性研究报告的重要组成部分，是项目决策的重要依据之一。

2. 投资估算的作用

（1）投资估算是投资项目建设前期的重要环节。投资估算是投资项目建设前期工作中制定融资方案、进行经济评价的基础，以及其后编制初步设计概算的依据。因此，按照项目建设前期不同阶段所要求的内容和深度，完整、准确地进行投资估算是项目决策分析与评价阶段必不可少的重要工作。

在项目机会研究和初步可行性研究阶段，虽然对投资估算的准确度要求相对较低，但投资估算仍然是该阶段的一项重要工作。投资估算完成之后才有可能进行资金筹措方案设想和经济效益的初步评价。

在可行性研究阶段，投资估算的准确与否，以及是否符合工程的实际，不仅决定着能否正确评价项目的可行性，同时也决定着融资方案设计的基础是否可靠，因此投资估算是项目可行性研究报告的关键内容之一。

（2）满足工程设计招标投标及城市建筑方案设计竞选的需要。在工程设计的投标书中，除了包括方案设计的图文说明以外，还应包括工程的投资估算。在城市建筑方案设计竞选过程中，咨询单位编制的竞选文件应包括投资估算，因此合理的投资估算也是满足工程招标投标及城市建筑方案设计竞选的需要。

3. 投资估算的范围与内容

进行投资估算，首先要明确投资估算的范围。投资估算的范围应与项目建设方案设计所确定的研究范围和各单项工程内容相一致。

按照《投资项目可行性研究指南》的划分，项目投入总资金由建设投资（含建设期利息）和流动资金两项构成。投资估算时，需对不含建设期利息的建设投资、建设期利息和流动资金各项内容分别进行估算。

投资估算的具体内容包括：

（1）建筑工程费；

（2）设备及工器具购置费；

（3）安装工程费；

（4）工程建设其他费用；

（5）基本预备费；

（6）涨价预备费；

（7）建设期利息；

（8）流动资金。

其中，建筑工程费、设备及工器具购置费、安装工程费和建设期利息在项目交付使用后形成固定资产。预备费一般也按形成固定资产考虑。按照有关规定，工程建设其他费用将分别形成固定资产、无形资产和其他资产。

在上述构成中，前六项构成不含建设期利息的建设投资。再加上第（7）项建设期利息，就称为建设投资。建设投资部分又可分为静态投资和动态投资两部分。静态投资部分由建筑工程费、设备及工器具购置费、安装工程费、工程建设其他费用、基本预备费构成；动态投资部分由涨价预备费和建设期利息构成。

4. 投资估算的深度与要求

投资项目前期工作可以概括为机会研究、初步可行性研究（项目建议书）、可行性研究、评估四个阶段。由于不同阶段工作深度和掌握的资料不同，投资估算的准确程度也就不同。因此在前期工作的不同阶段，允许投资估算的深度和准确度不同。随着工作的进展，项目条件的逐步明确和细化，投资估算会不断地深入，准确度会逐步提高，从而对项目投资起到有效的控制作用。项目前期的不同阶段对投资估算的允许误差率见表4-2。

表 4-2 投资项目前期各阶段对投资估算误差的要求

序 号	投资项目前期阶段	投资估算的误差率
1	机会研究阶段	≥±30%
2	初步可行性研究（项目建议书）	±20%以内
3	可行性研究阶段	±10%以内
4	评估阶段	±10%以内

尽管允许有一定的误差，但是投资估算必须达到以下要求：

（1）工程内容和费用构成齐全，计算合理，不重复计算，不提高或者降低估算标准，不高估冒算或漏项少算；

（2）选用指标与具体工程之间存在标准或者条件差异时，应进行必要的换算或者调整；

（3）投资估算精度应能满足投资项目前期不同阶段的要求。

二、建设投资估算方法

建设投资的估算采用何种方法应取决于要求达到的精确度，而精确度又由项目前期研究阶段的不同以及资料数据的可靠性决定。因此在投资项目的不同前期研究阶段，允许采用详简不同、深度不同的估算方法。常用的估算方法有生产能力指数法、比例估算法、系数估算法、投资估算指标法和综合指标投资估算法。

1. 生产能力指数法

该方法是根据已建成的、性质类似的建设项目的投资额和生产能力与拟建项目的生产能力，估算拟建项目的投资额，其计算公式为：

$$C_2 = C_1 \times (Q_2/Q_1)^n \times f$$

式中 C_2——拟建项目的投资额；

　　C_1——已建类似项目的投资额；

　　Q_2——拟建项目的生产能力；

　　Q_1——已建类似项目的生产能力；

　　f——新老项目建设间隔期内定额、单价、费用变更等的综合调整系数；

　　n——生产能力指数，$0 \leq n \leq 1$。

运用这种方法估算项目投资的重要条件，是要有合理的生产能力指数。若已建类似项目的规模和拟建项目的规模相差不大，生产规模比值在 0.5～2 之间，则指数 n 的取值近似为 1；若已建类似项目的规模和拟建项目的规模相差不大于 50 倍，且拟建项目规模的扩大仅靠增大设备规模来达到时，则 n 取值约在 0.6～0.7 之间；若靠增加相同规格设备的数量达到时，则 n 取值为 0.8～0.9 之间。

采用生产能力指数法，计算简单、速度快；但要求类似工程的资料可靠，条件基本相同。否则误差就会增大。

【例 4-1】 2008 年某地动工兴建一个年产 1 900 万吨的水泥厂，已知 2000 年该地生产同样产品的某水泥厂，其年产量为 900 万吨，当时购置的生产工艺设备为 1 600 万元，其生产能力指数为 0.8。根据统计资料，该地区平均每年物价指数为 106%，估算年产 1 900 万吨水泥的生产工艺设备购置费。

【解】
$$C_2 = C_1 \left(\frac{Q_2}{Q_1}\right)^n f = 1\ 600 \times \left(\frac{1\ 900}{900}\right)^{0.8} \times 1.06$$
$$= 1\ 600 \times 1.82 \times 1.06 = 3\ 083.4\ 万元$$

年产 1 900 万吨的水泥厂生产工艺设备购置费估算额为 3 083.4 万元。

2. 比例估算法

比例估算法又分为两种。

(1) 以拟建项目的全部设备费为基数进行估算。此种估算方法根据已建成的同类项目的建筑安装费和其他工程费用等占设备价值的百分比，求出相应的建筑安装费及其他工程费等，再加上拟建项目的其他有关费用，其总和即为项目或装置的投资。计算公式为：

$$C = E(1 + f_1 P_1 + f_2 P_2 + f_3 P_3 + \cdots) + I$$

式中　　　C——拟建项目的投资额；

　　　　　E——根据拟建项目当时当地价格计算的设备费（含运杂费）的总和；

P_1、P_2、P_3…——已建项目中建筑、安装及其他工程费用等占设备费百分比；

f_1、f_2、f_3…——由于时间因素引起的定额、价格、费用标准等综合调整系数；

　　　　　I——拟建项目的其他费用。

(2) 以拟建项目的最主要工艺设备费为基数进行估算。此种方法根据同类型的已建项目的有关统计资料，计算出拟建项目的各专业工程（总图、土建、暖通、给排水、管道、电气及电信、自控及其他工程费用等）占工艺设备投资（包括运杂费和安装费）的百分比，据以求出各专业的投资，然后把各部分投资（包括工艺设备费）相加求和，再加上工程其他有关费用，即为项目的总投资。计算公式为：

$$C = E(1 + f_1 P_1' + f_2 P_2' + f_3 P_3' + \cdots) + I$$

式中　P_1'、P_2'、P_3'…——各专业工程费用占工艺设备费用的百分比。

其余符号意义同前。

【例 4-2】 某套进口设备，估计设备购置费为 580.6 万美元，结算汇率 1 美元 = 6.85 元人民币。根据以往资料，与设备配套的建筑工程、安装工程和其他工程费占设备费用的百分比分别为 45%、16%、9%。假定各工程费用上涨与设备费用上涨是同前的。试估计该项目投资额。

【解】
$$C = E(1 + f_1 P_1 + f_2 P_2 + f_3 P_3 + \cdots) + I$$
$$= 580.6 \times 6.85 \times (1 + 1 \times 45\% + 1 \times 16\% + 1 \times 9\%) + I$$
$$= 6\ 761.09\ 万元$$

该项目投资额为 6 761.09 万元。

3. 系数估算法

(1) 朗格系数法。这种方法是以设备费为基础，乘以适当系数来推算项目的建设费用。估算公式为：

$$D = C(1 + \sum K_i)K_c$$

式中　D——总建设费用；

　　　C——主要设备费用；

　　　K_i——管线、仪表、建筑物等项费用的估算系数；

　　　K_c——管理费、合同费、应急费等间接费在内的总估算系数。

总建设费用与设备费用之比为朗格系数 K_L。即：

$$K_L = (1 + \sum K_i)K_c$$

这种方法比较简单，但没有考虑设备规格、材质的差异，所以精确度不高。

【例 4-3】某工业项目采用整套食品加工系统，其主要设备投资费为 480 万元，该食品加工系统的估算系数如表 4-3 所示。估算该工业项目静态建设投资额。

表 4-3　某食品加工厂加工系数的估算系数

项目	估算系数	项目	估算系数	项目	估算系数
主设备安装人工费	0.18	建筑物	0.06	油漆粉刷	0.09
保温费	0.4	构架	0.08	日常管理、合同费和利息	0.6
管线费	0.9	防火	0.08	工程费	0.25
基础	0.1	电气	0.14	不可预见费	0.02

【解】$D = C(1 + \sum K_i)K_c$

$= 480 \times (1 + 0.18 + 0.4 + 0.9 + 0.1 + 0.06 + 0.08 + 0.08 + 0.14 + 0.09) \times$

$(1 + 0.6 + 0.25 + 0.02)$

$= 480 \times 3.03 \times 1.87$

$= 2 719.7$ 万元

该工业项目静态建设投资额为 2 719.7 万元。

(2) 设备及厂房系数法。一个项目，工艺设备投资和厂房土建投资之和占了整个项目投资的绝大部分。如果设计方案已确定了生产工艺，初步选定了工艺设备并进行了工艺布置，这就有了工艺设备厂房的高度和面积。那么，工艺设备投资和厂房土建的投资就可以分别估算出来，其他专业，与设备关系较大的按设备系数计算，与厂房土建关系较大的则以厂房土建投资系数计算，两类投资加起来就得出整个项目的投资。这个方法，在预可行性阶段使用是比较合适的。

4. 投资估算指标法

投资估算指标是编制和确定项目可行性研究报告中投资估算的基础和依据，与概预算定额比较，估算指标是以独立的建设项目、单项工程或单位工程为对象，综合项目全过程投资和建设中的各类成本和费用，反映出其扩大的技术经济指标，具有较强的综合性和概括性。

投资估算指标分为建设项目综合指标、单项工程指标和单位工程指标三种。建设项目综合指标一般以项目的综合生产能力单位投资表示，如元/t、元/kW，或以使用功能表示，如医院床位：元/床。单项工程指标一般以单项工程生产能力单位投资表示，如一般工业与民用建筑：元/m^2；工业窑炉砌筑：元/m^3；变配电站：元/（kV·A）等。单位工程指标按规定应列入能独立设计、施工的工程项目的费用，即建筑安装工程费用，一般以如下方式表示：房屋区别不同结构形式以"元/m^2"表示；管道区别不同材质、管径以"元/m"表示。

5. 综合指标投资估算法

综合指标投资估算法又称概算指标法。它是依据国家有关规定，国家或行业、地方的定额、指标和取费标准以及设备和主材价格等，从工程费用中的单项工程入手，来估算初始投资。采用这种方法，还需要相关专业提供较为详细的资料，有一定的估算深度，精确度相对较高。

三、流动资金估算

流动资金是指项目投产后，为进行正常生产运营，用于购买原材料和燃料、支付工资以及其他经营费用等所必不可少的周转资金。它是伴随着固定资产投资而发生的永久性流动资产投资，等于项目投产运营后所需全部流动资产扣除流动负债后的余额。项目决策分析与评价中，流动资产主要考虑应收账款、现金和存货；流动负债主要考虑应付账款。由此看出，这里所解释的流动资金的概念，实际上就是投资项目必须准备的最基本的营运资金。流动资金估算一般采用分项详细估算法，项目决策分析与评价的初期阶段或者小型项目可采用扩大指标法。

对流动资金构成的各项流动资产和流动负债分别进行估算。在可行性研究中，为简化起见，仅对存货、现金、应收账款和应付账款四项内容进行估算，计算公式为：

$$流动资金＝流动资产－流动负债$$

$$流动资产＝应收账款＋存货＋现金$$

$$流动负债＝应付账款$$

$$流动资金本年增加额＝本年流动资金－上年流动资金$$

流动资金估算的具体步骤：首先计算存货、现金、应收账款和应付账款的年周转次数，然后再分项估算占用资金额。

（1）周转次数的计算。周转次数是指流动资金在一年内循环的次数。

$$年周转次数＝360÷最低周转天数$$

应收账款、存货、现金、应付账款的最低周转天数，参照类似企业的平均周转天数，结合项目特点确定，或按部门（行业）规定计算。

（2）应收账款估算。应收账款是指企业已对外销售商品、提供劳务但尚未收回的资金。在可行性研究阶段只计算应收销售额。

$$应收账款 = \frac{年销售收入}{应收账款年周转次数}$$

（3）存货估算。存货是指企业为销售或耗用而储备的各种货物，主要有原材料、辅助材料、燃料、低值易耗品、修理用备件、包装物、在产品、自制半产品和产成品等。为简化计算，只计算以下几项内容。

$$存货 = 外购原材料 + 外购燃料 + 在产品 + 产成品$$

$$外购原材料 = \frac{年外购原材料}{按种类分项年周转次数}$$

$$外购燃料 = \frac{年外购燃料}{按种类分项年周转次数}$$

$$在产品 = \frac{年外购原材料、燃料 + 年工资福利费 + 年修理费 + 年其他制造费}{在产品年周转次数}$$

$$产成品 = \frac{年经营成本}{产成品年周转次数}$$

（4）现金估算。现金是指企业生产运营活动中停留于货币形态的那一部分资金。

$$现金 = \frac{年工资福利费 + 年其他费用}{现金年周转次数}$$

（5）应付账款估算。应付账款是指企业已购进原材料、燃料等尚未支付的资金。

$$应付账款 = \frac{年外购原材料 + 年外购燃料}{应付账款年周转次数}$$

【例 4-4】某拟建项目第四年开始投产，投产后的年销售收入第四年为 5 360 万元，第五年为 6 695 万元，第六年及以后各年均为 6 859 万元，总成本费用估算如表 4-4 所示，各项流动资产和流动负债的周转天数如表 4-5 所示。试估算达产期各年流动资金，并编制流动资金估算表。

表 4-4　总成本费用估算表　　　　　　　　　　　　　　万元

序号	项目＼年份	投产期		达产期		
		4	5	6	7	…
1	外购原材料	2 168	3 567	5 435	5 435	
2	进口零部件	1 098	1 316	685	685	
3	外购燃料	16	29	35	35	
4	工资及福利费	215	238	268	268	

续表

序 号	项 目　　　　年 份	投产期		达产期		
		4	5	6	7	…
5	修理费	20	20	80	80	
6	折旧费	224	224	224	224	
7	摊销费	70	70	70	70	
8	利息支出	256	215	151	130	
9	其他费用	350	455	516	516	
9.1	其中：其他制造费	196	269	320	320	
10	总成本费用	4 532	5 991	6 635	6 635	
11	经营成本（10−5−6−7−8）	3 962	5 462	6 110	6 110	

表 4-5　流动资金的最低周转天数

天

序 号	项 目	最低周转天数	序 号	项 目	最低周转天数
1	应收账款	60	2.4	在产品	30
2	存货	—	2.5	产成品	10
2.1	原材料	40	3	现金	20
2.2	进口零部件	100	4	应收账款	60
2.3	燃料	40			

【解】应收账款年周转次数＝360÷60＝6 次

原材料年周转次数＝360÷40＝9 次

进口零部件年周转次数＝360÷100＝3.6 次

燃料年周转次数＝360÷40＝9 次

在产品年周转次数＝360÷30＝12 次

产成品年周转次数＝360÷10＝36 次

现金年周转次数＝360÷20＝18 次

应付账款年周转次数＝360÷60＝6 次

$$应收账款 = \frac{年销售收入}{应收账款年周转次数} = \frac{6\ 859}{6} = 1\ 143.17\ 万元$$

$$外购原材料 = \frac{年外购原材料}{外购原材料年周转次数} = \frac{5\ 435}{9} = 604\ 万元$$

$$外购进口零部件 = \frac{年外购进口零部件}{外购进口零部件年周转次数} = \frac{685}{3.6} = 190.3\ 万元$$

$$外购燃料 = \frac{年外购燃料}{外购燃料年周转次数} = \frac{35}{9} = 3.9\ 万元$$

$$在产品 = \frac{年外购原材料+年进口零部件+年外购燃料+年工资福利费+年修理费+年其他制造费}{在产品年周转次数}$$

$$= \frac{6\,859+685+35+268+80+320}{12} = 687.25\ 万元$$

$$产成品 = \frac{年经营成本}{产成品年周转次数} = \frac{6\,110}{36} = 169.72\ 万元$$

存货 = 外购原材料+外购进口零部件+外购燃料+在产品+产成品

$$= 604+190.3+3.9+687.25+169.72 = 1\,655.17\ 万元$$

$$现金 = \frac{年工资福利费+年其他费用}{现金年周转次数} = \frac{268+516}{18} = 43.56\ 万元$$

$$应付账款 = \frac{年外购原材料+年进口零部件+年外购燃料}{应付账款年周转次数} = \frac{5\,425+685+35}{6} = 1\,023\ 万元$$

流动资产 = 应收账款+存货+现金 = 1\,143.17+1\,655.17+43.56 = 2\,841.9 万元

流动负债 = 应付账款 = 1\,023 万元

流动资金 = 流动资产-流动负债 = 2\,841.9-1\,023 = 1\,818.9 万元

流动资金估算表编制如表4-6所示。

表4-6 流动资金估算表　　　　　　　　　　　万元

序　号	项目　　　　年份	投产期		达产期
		6	7	…
1	流动资产	2 841.9	2 841.9	
1.1	应收账款	1 143.17	1 143.17	
1.2	存货	1 655.17	1 655.17	
1.2.1	外购原材料	604	604	
1.2.2	外购进口零部件	190.3	190.3	
1.2.3	外购燃料	3.9	3.9	
1.2.4	在产品	687.25	687.25	
1.2.5	产成品	169.72	169.72	
1.3	现金	43.56	43.56	
2	流动负债	1 023	1 023	
2.1	应付账款	1 023	1 023	
3	流动资金(1-2)	1 818.9	1 818.9	
4	流动资金本年增加额	27.63	0	

扩大指标估算法是按照流动资金占某种基数的比率来估算流动资金。一般常用的基数有销售收入、经营成本、总成本费用和建设投资等，究竟采用何种基数，依行业习惯而定。所采用的比率根据经验确定，或根据现有同类企业的实际资料确定，或依行业、部门给定的参考值确定。扩大指标估算法简便易行，但准确度不高，适用于项目建议书阶段流动资金的估算。

（1）产值（销售收入）资金率估算法：

流动资金额＝年产值（年销售收入额）×产值（销售收入）资金率

（2）经营成本（或总成本）资金率估算法。经营成本是一项反映物质、劳动消耗和技术水平、生产管理水平的综合指标。一些工业项目，尤其是采掘工业项目常用经营成本（或总成本）资金率估算流动资金。

流动资金额＝年经营成本（年总成本）×经营成本资金率（总成本资金率）

另外，流动资金估算应注意以下问题：

①在采用分项详细估算法时，需要分别确定现金、应收账款、存货和应付账款的最低周转天数。在确定周转天数时要根据实际情况，并考虑一定的保险系数。对于存货中的外购原材料、燃料要根据不同品种和来源，考虑运输方式和运输距离等因素分别确定。

②不同生产负荷下的流动资金是按照相应负荷时的各项费用金额和给定的公式计算出来的，而不能按100％负荷下的流动资金乘以负荷百分数求得。

四、投资估算的审查

为了保证项目投资估算的准确性和估算质量，以便确保其应有的作用，必须加强对项目投资估算的审查工作。项目投资估算的审查部门和单位，在审查项目投资估算时，应注意审查以下几点。

1. 审查投资估算编制依据的可信性

（1）审查选用的投资估算方法的科学性、适用性。因为投资估算方法很多，而每种投资估算方法都各有各的适用条件和范围，并具有不同的精确度。如果使用的投资估算方法与项目的客观条件和情况不相适应，或者超出了该方法的适用范围，那就不能保证投资估算的质量。

（2）审查投资估算采用数据资料的时效性、准确性。估算项目投资所需的数据资料很多，如已运行同类型项目的投资、设备和材料价格、运杂费率、有关的定额、指标、标准，以及有关规定等都与时间有密切关系，都可能随时间而发生不同程度的变化。因此，必须注意其时效性和准确性。

2. 审查投资估算的编制内容与规定、规划要求的一致性

（1）审查项目投资估算包括的工程内容与规定要求是否一致，是否漏掉了某些辅助工程、室外工程等的建设费用。

（2）审查项目投资估算的项目产品生产装置的先进水平和自动化程度等是否符合规划要求的先进程度。

（3）审查是否对拟建项目与已运行项目在工程成本、工艺水平、规模大小、自然条件、环境因素等方面的差异作了适当的调整。

3. 审查投资估算的费用项目、费用数额的符实性

（1）审查费用项目与规定要求、实际情况是否相符，是否有漏项或多项现象，估算的费用项目是否符合国家规定，是否针对具体情况作了适当的增减。

（2）审查"三废"处理所需投资是否进行了估算，其估算数额是否符合实际。

（3）审查是否考虑了物价上涨和汇率变动对投资额的影响，考虑的波动变化幅度是否合适。

（4）审查是否考虑了采用新技术、新材料以及现行标准和规范比已运行项目的要求提高者所需增加的投资额，考虑的额度是否合适。

第四节 财务基础数据估算

在工程项目进行经济分析之前，必须先对其进行财务基础数据的估算。它是项目财务评价、国民经济评价和投资风险评价的基础和重要依据。它不仅为财务效益分析提供必要的财务数据，而且对财务效益分析的结果，以及最后的决策意见，均产生决定性的影响。在项目评价中起着承上启下的关键性作用。

一、财务基础数据估算的内容

财务基础数据的估算包括项目计算期内各年经济活动情况及全部财务收支结果。具体包括以下内容：

1. 项目总投资及其资金来源和筹措

项目总投资是指一次性投入项目的固定资产投资（含建设期利息）和流动资金的总和。它在项目建成投产后形成固定资产、无形资产、递延资产和流动资产。

2. 生产成本费用

生产成本费用是企业生产经营过程中发生的各种耗费及其价值补偿。根据评价目的与要求，需按照不同的分类方法分别测算总成本费用、可变成本、固定成本和经营成本。

3. 销售收入与税金

销售收入与税金估算是指在项目生产期的一定时间内，对产品各年的销售收入和税金进行估算。销售收入按当年销售产品的销售量与产品单价计算；而销售税金是指项目生产期内因销售产品（营业或提供劳务）而发生的从销售收入中缴纳的税金，包括增值税、消费税、营业税、资源税等。销售收入和税金是测算销售利润的重要依据。

4. 销售利润形成与分配

销售利润是指销售收入扣除销售税金及附加和总生产成本费用后的盈余，它综合反映了企业生产经营活动的成果，是贷款还本付息的重要来源。企业销售利润可用以交纳所得税（税率33％），弥补以往亏损，提取盈余公积金、公益金，偿还借款等。

5. 贷款还本付息估算

贷款还本付息是指项目投产后，按国家规定的资金来源和贷款机构的要求偿还固定资产投资借款本金，而利息支出列入当年的生产总成本费。估算的内容包括本金和利息的数量，清偿贷款本息所需的时间等。

二、财务基础数据估算表及其相互联系

根据财务基础数据估算的五个方面内容，可以编制出财务基础数据估算表。为满足项目财务效益评价的要求，必须具备下列估算报表：

（1）投资使用计划与资金筹措表；

（2）固定资产投资估算表；

（3）流动资金估算表；

（4）总成本费用估算表；

（5）外购材料、燃料动力估算表；

（6）固定资产折旧费估算表；

（7）无形资产与递延资产摊销费估算表；

（8）销售收入和税金及附加估算表；

（9）损益表（即销售利润估算表）；

（10）固定资产投资借款还本付息表。

各类财务基础数据估算表之间的关系见图 4-3。

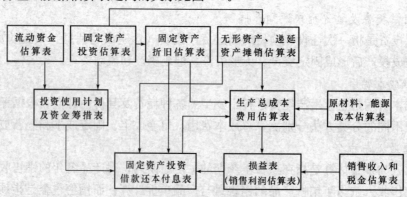

图 4-3　财务基础数据估算表关系图

三、总成本费用估算

项目评价中的产品成本费用构成原则上应符合现行财务制度的有关规定，但其具体的预算方法和一些费用的处理上与企业会计实际成本核算是不同的。根据项目经济评价的特点，为了分析现金流量，还要计算经营成本费用。

1. 以制造成本为基础计算总成本费用

以产品制造成本为基础进行估算，首先计算各产品的直接成本，包括：直接材料费，直接燃料和动力费、直接工资和其他直接支出；然后计算间接成本，主要指制造费用；再计算管理费用、销售费用和财务费用，其中折旧费和摊销费可以单独列项。

（1）直接材料费＝直接材料（燃料、动力）消耗量×单价；

（2）直接工资及福利费＝直接从事产品生产人员数量×人均年工资及福利费；

（3）制造费用：

$$折旧费 = 固定资产原值 \times 年综合折旧率$$

$$维简费 = 产品产量 \times 定额费用$$

$$工资及福利费 = 车间管理人员工资 \times (1+14\%)$$

$$其他制造费用 = 上述各项费用之和乘以一定百分比$$

产品制造费用为上述四项费用之和。

（4）产品制造成本＝直接材料＋直接工资及福利费＋制造费用

（5）管理费用＝产品制造成本×规定百分比（如 3%）

（6）财务费用＝借款利息净支出＋汇兑净损失＋银行手续费

其中：借款利息净支出＝利息支出－利息收入

汇兑净损失＝汇兑损失－汇兑收益

（7）销售费用＝销售收入×综合费率（如 1%~2%）

（8）期间费用＝管理费用＋财务费用＋销售费用

（9）总成本费用＝产品制造成本＋期间费用

其中：可变成本＝直接材料费＋直接工资及福利费

固定成本＝制造费用＋期间费用

（10）经营成本＝总成本费用－折旧费－维简费－摊销费－利息支出

2. 以费用要素为基础计算总成本费用

这种方法是按成本费用中各项费用性质进行归类后，计算总成本费。

（1）外购原材料、燃料动力。外购原材料、燃料动力中耗用量大的主要原材料、燃料动力应分别按照其消耗定额和供应单价进行估算。其他情况可参照类似企业统计资料计算的相关比率估算。

（2）工资及福利费。工资及福利费包括直接工资及其他直接支出（指福利费）制造费、管理费以及销售费用中管理人员和销售人员的工资及福利费。职工福利费一般按照工资总额的 14% 提取。

(3) 折旧费。折旧费是指全部固定资产的折旧费。

(4) 摊销费。包括无形资产和其他资产摊销。

(5) 修理费。修理费一般按固定资产原值或折旧额的一定百分比计提。百分比可根据经验数据或参照同类企业的实际数据加以确定。修理费可按下列公式之一估算：

$$修理费 = 固定资产原值 \times 计提比率(\%)$$
$$修理费 = 固定资产折旧额 \times 计提比率(\%)$$

(6) 维简费。矿山维简费（或油田维护费）一般按照出矿量或国家和行业规定的标准提取。计算公式为：

$$矿山维简费(或油田维护费) = 出矿量 \times 计提标准(元/t)$$

(7) 利息支出。利息支出是指项目在生产期间发生的固定资产贷款和流动资金借款的利息。

(8) 其他费用。其他费用是指除上述费用之外的，应计入生产总成本费用的其他所有费用。一般按上述费用之和或工资总额的一定比例计算。

(9) 副产品回收。

$$副产品回收 = 副产品产量 \times 出厂单价$$

(10) 总成本费用。

$$总成本费用 = (1) + (2) + (3) + (4) + (5) + (6) + (7) + (8) - (9)$$
$$投产期各年总成本 = 可变成本 \times 生产负荷 + 固定成本$$

四、销售收入、销售税金及附加的估算

1. 销售收入的估算

销售收入的估算步骤如下：

(1) 明确产品销售市场，根据项目的市场调查和预测分析结果，测算出产品的销量。

(2) 确定产品的销售价格。产品销售价格一般采用出厂价。

(3) 确定销售收入。

$$销售收入 = 销售量 \times 销售单价$$

2. 销售税金及附加的估算

销售税金及附加的计征依据是项目的销售收入。销售税金及附加中不含有增值税，因为增值税是价外税，纳税人交税，最终由消费者负担，因此与纳税人的经营成本和经营利润无关，所以，增值税不在"销售（营业）税金及附加"科目中反映，在经营期间的现金流量系统中可以不考虑增值税。建设期的投资中应包含有增值税。

五、固定资产投资贷款还本付息估算

固定资产投资贷款还本付息估算主要是测算还款期的利息和偿还贷款的时间，从而观察项目的偿还能力和收益，为财务效益评价和项目决策提供依据。

还本付息的资金来源主要有以下内容：

（1）可用于归还借款的利润。一般是提取了盈余公积金、公益金后的未分配利润。

（2）固定资产折旧。所有被用于归还贷款的折旧基金，应由未分配利润归还贷款后的余额垫回，以保证折旧基金从总体上不被挪作他用。

（3）无形资产与递延资产的摊销费。

（4）其他还款资金。其他还款资金指按有关规定可用减免的销售税金来作为偿还贷款的资金来源。

项目在建设期借入的全部固定资产投资贷款本金及其在建设期的借款利息（即资本化利息）两部分构成固定资产投资贷款总额，在项目投产后可由上述资金偿还。

在生产期内，固定资产投资和流动资金的贷款利息，按现行的财务制度，均应计入项目总生产成本费用中的财务费用。

项目贷款的还款方式应根据贷款资金的不同来源所要求的还款条件来确定。

第五节　建设项目经济评价

建设项目经济评价是项目可行性研究的有机组成部分和重要内容，是实行项目决策科学化的重要手段。经济评价的目的是根据国民经济和社会发展战略和行业、地区发展规划的要求，在做好产品（服务）市场需求预测及厂址选择、工艺技术选择等工程技术研究的基础上，计算项目效益和费用，通过多方案比较，对拟建项目的财务可行性和经济合理性进行分析论证，做出全面的经济论证，为项目的科学决策提供依据。

建设项目经济评价分为财务评价和国民经济评价。

一、财务评价

1. 财务评价的概念

财务评价是在国家现行会计制度、税收法规和市场价格体系下，预测估计项目的财务效益与费用，编制财务报表，计算评价指标，进行财务盈利能力分析和偿债能力分析，考察拟建项目的获利能力和偿债能力等财务状况，据以判别项目的财务可行性。财务评价应在初步确定的建设方案、投资估算和融资方案的基础上进行，财务评价结果又可以反馈到方案设计中，用于方案比选，优化方案设计。

2. 财务评价内容及指标

建设项目财务评价的主要内容及指标有以下四个方面。

（1）财务盈利能力分析。财务盈利能力分析的任务是分析和测算建设项目在其计算期的财务盈利能力和盈利水平，以衡量项目的综合效益。财务评价的盈利能力分析要计算财务内部收益率、投资回收期等主要评价指标。根据项目的特点及实际需要，也可计算财务净现值、投资利润率、投资利税率、资本金利润率等指标。

（2）清偿能力分析。其任务是分析、测算项目偿还银行贷款的能力。清偿能力分析要计算资产负债率、借款偿还期、流动比率、速动比率等指标。此处，还可计算其他价值指标或实物指标（如单位生产能力投资），进行辅助分析。

（3）外汇效果分析。对涉及外资的建设项目或产品有出口的建设项目，应进行外汇效果分析以衡量项目的创汇、节汇能力，以及产品在国际市场上的竞争能力。外汇效果分析计算外汇流量、创汇额、节汇成本、换汇成本等指标。

（4）不确定性分析。其任务是分析项目在建设和生产中可能遇到的不确定因素，以及它们对项目经济效益的影响，以预测项目可能承担的风险，确定项目财务上的稳定性。

3. 财务评价基本报表

建设项目财务评价的基本报表是根据国内外目前使用的一些不同的报表格式，结合我国实际情况和现行的有关规定设计的，表中的数据没有规定统一的估算方法，但这些数据的估算及其精度对评价结论的影响都是很重要的，评价过程中应特别注意。

建设项目财务评价的基本报表主要有以下几种：

（1）现金流量表。建设项目的效益和费用可以抽象为现金流量系统。从财务评价角度看，某一时点上流出项目的资金称为现金流出，是负现金流量，记为 CO；流入项目的资金称为现金流入，是正现金流量，记为 CI。现金流入与现金流出统称为现金流量。同一时点上的现金流入量与现金流出量的代数和（$CI-CO$）称为净现金流量，记为 NCF。

现金流量系统将项目计算期内各年的现金流入与现金流出按照各自发生的时点顺序排列，表达为具有确定时间概念的现金流量系统。现金流量表是对建设项目现金流量系统的表格式反映。按照计算基础的不同，现金流量表分为全部投资现金流量表和自有资金现金流量表。

①全部投资现金流量表。该表不分投资资金来源，以全部投资作为计算基础，用以计算全部投资所得税前及所得税后财务内部收益率、财务净现值及投资回收期等评价指标，考察项目全部投资的盈利能力，为各个投资方案（不论其资金来源及利息多少）进行比较建立共同基础。

②自有资金现金流量表。该表从投资者角度出发，以投资者的出资额作为计算基础，把借款本金偿还和利息支付作为现金流出，用以计算自有资金财务内部收益率、财务净现值及投资回收期等评价指标，考察项目自有资金的盈利能力。

（2）损益表。损益表反映项目计算期内各年的利润总额、所得税及税后利润的分配情况，用以计算投资利润率、投资利税率和资本金利润率等指标。

（3）资金来源与运用表。资金来源与运用表反映项目计算期内各年的资金盈余或短缺情况，用于比选方案，制订适宜的借款及偿还计划，并为编制资产负债表提供依据。

（4）资产负债。资产负债表综合反映项目计算期内各年末资产、负债和所有者权益的增减变化及对应关系，以考察项目资产、负债、所有者权益的结构是否合理，用以计算资产负债率、流动比率及速动比率，进行清偿能力分析。资产负债表的编制依据是"资产＝负债＋所有者权益"。

（5）财务外汇平衡表。财务外汇平衡表适用于有外汇收支的项目，用以反映项目计算期内各年外汇余缺程度，进行外汇平衡分析。

4. 财务评价指标体系

工程项目经济效果可采用不同的指标来表达，任何一种评价指标都是从一定的角度、某一个侧面反映项目的经济效果，总会带有一定的局限性。因此，需建立一整套指标体系来全面、真实、客观地反映项目的经济效果。

工程项目财务评价指标体系根据不同的标准，可作不同的分类。根据计算项目财务评价指标时是否考虑资金的时间价值，可将常用的财务评价指标分为静态评价指标和动态评价指标（图4-4）。

静态评价指标主要用于技术经济数据不完备和不精确的方案初选阶段，或对寿命期比较短的方案进行评价；动态评价指标则用于方案最后决策前的详细可行性研究阶段，或对寿命期较长的方案进行评价。

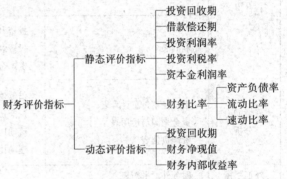

图 4-4　财务评价指标体系（1）

项目财务评价按评价内容的不同，还可分为盈利能力分析指标和清偿能力分析指标和不确定性分析指标三类（图4-5）。

项目财务评价根据评价指标的性质，又可分为时间性评价指标、价值性评价指标、比率性评价指标（图4-6）。

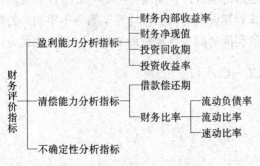

图 4-5　财务评价指标体系（2）

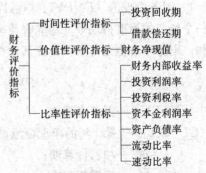

图 4-6　财务评价指标体系（3）

根据上述的有关财务效益分析内容及财务基本报表和财务评价指标体系，不难看出它们之间存在着一定的对应关系，见表 4-7。

表 4-7　财务评价指标与基本报表的关系

分析内容	基本报表	静态指标	动态指标
盈利能力分析	现金流量表（全部投资）	全部投资回收期	财务内部收益率 财务净现值 动态投资回收期
	现金流量表（自有资金）		财务内部收益率 财务净现值
	利润表	投资利润率 投资利税率 资本金利润率	
清偿能力分析	借款还本付息计算表 资金来源与运用表 资产负债表	借款偿还期 资产负债率 流动比率 速动比率	
外汇平衡	财务外汇平衡表		
其　　他		价值指标或实物指标	

5. 建设项目财务评价方法

（1）财务盈利能力评价。财务盈利能力评价主要考察投资项目投资的盈利水平。为达到此目的，需编制全部投资现金流量表、自有资金现金流量表和损益表三个基本财务报表。计算财务内部收益率、财务净现值、投资回收期、投资收益率等指标。

1）财务净现值（FNPV）。财务净现值是指把项目计算期内各年的财务净现金流量，按照一个给定的标准折现率（基准收益率）折算到建设期初（项目计算期第一年年初）的现值之和。财务净现值是考察项目在其计算期内盈利能力的主要动态评价指标。其表达式为：

$$FNPV = \sum_{t=1}^{n}(CI-CO)_t(1+i_c)^{-t}$$

式中　$FNPV$——财务净现值；

　　$(CI-CO)_t$——第 t 年的净现金流量；

　　　　　n——项目计算期；

　　　　　i_c——标准折现率。

财务净现值大于零，表明项目的盈利能力超过了基准收益率或折现率；财务净现值小于零，表明项目盈利能力达不到基准收益率或设定的折现率水平；财务净现值为零，表明项目盈利能力水平正好等于基准收益率或设定的折现率。因此，财务净现值指标的判别准则是：若 $FNPV \geqslant 0$，则方案可行；若 $FNPV < 0$，则方案应予以拒绝。

2）财务内部收益率（$FIRR$）。财务内部收益率是指项目在整个计算期内各年财务净现金流量的现值之和等于零时的折现率，也就是使项目的财务净现值等于零时的折现率，其表达式为：

$$\sum_{t=1}^{n} (CI - CO)_t (1 + FIRR)^{-t} = 0$$

式中　$FIRR$——财务内部收益率；

其他符号意义同前。

3）投资回收期。投资回收期按照是否考虑资金时间价值可以分为静态投资回收期和动态投资回收期。

①静态投资回收期。静态投资回收期是指以项目每年的净收益回收项目全部投资所需要的时间，是考察项目财务上投资回收能力的重要指标。这里所说的全部投资既包括固定资产投资，又包括流动资金投资。项目每年的净收益是指税后利润加折旧。静态投资回收期的表达式如下：

$$\sum_{t=1}^{P_t} (CI - CO)_t = 0$$

式中　P_t——静态投资回收期；

CI——现金流入；

CO——现金流出；

$(CI - CO)_t$——第 t 年的净现金流量。

静态投资回收期一般以"年"为单位，自项目建设开始年算起。当然也可以计算自项目建成投产年算起的静态投资回收期，但对于这种情况，需要加以说明，以防止两种情况的混淆。

如果项目建成投产后，每年的净收益相等，则投资回收期可用下式计算：

$$P_t = \frac{K}{NB} + T_k$$

式中　K——全部投资；

NB——每年的净收益；

T_k——项目建设期。

如果项目建成投产后各年的净收益不相同，则静态投资回收期可根据累计净现金流量求得。其计算公式为：

$$P_t = 累计净现金流量开始出现正值的年份 - 1 + \frac{上一年累计现金流量的绝对值}{当年净现金流量}$$

当静态投资回收期小于等于基准投资回收期时，则项目可行。

②动态投资回收期。动态投资回收期是指在考虑了资金时间价值的情况下，以项目每年的净收益回收项目全部投资所需要的时间。这个指标主要是为了克服静态投资回收期指标没有考虑资金时间价值的缺点而提出的。动态投资回收期的表达式如下：

$$\sum_{t=0}^{P_t'}(CI-CO)_t(1+i_c)^{-t}=0$$

式中 P_t'——动态投资回收期。

其他符号含义同前。

采用上式计算 P_t' 一般比较繁琐，因此在实际应用中往往是根据项目的现金流量表，用下列近似公式计算：

$$P_t'=累计折现值出现正值的年数-1+\frac{上年累计折现值的绝对值}{当年净现金流量的折现值}$$

动态投资回收期是在考虑了项目合理收益的基础上收回投资的时间，只要在项目寿命期结束之前能够收回投资，就表示项目已经获得了合理的收益。因此，只要动态投资回收期不大于项目寿命期，项目就可行。

【例 4-5】若某商场的停车库由某单位建造并由其经营。立体停车库建设期 1 年，第二年开始经营。建设投资 700 万元，全部为自有资金并全部形成固定资产。流动资金投资 200 万元，全部为自有资金，第二年末一次性投入。从第二年开始，经营收入假定各年 250 万元，销售税金及附加 12 万元，经营成本 26 万元。平均固定资产折旧年限为 10 年，残值率 5%。计算期 11 年。设该项目的基准收益率为 8%，基准投资回收期为 6 年。

要求编制项目财务现金流量表，试计算财务净现值，财务内部收益率和动态投资回收期，并判断该项目的可行性。

【解】编制项目财务现金流量表，如表 4-8 所示。

回收固定资产余值=700×5%=35 万元

表 4-8 项目财务现金流量表   万元

序号	年 份 / 项 目	计 算 期										
		1	2	3	4	5	6	7	8	9	10	11
1	现金流入		250	250	250	250	250	250	250	250	250	435
1.1	销售（经营）收入		250	250	250	250	250	250	250	250	250	250
1.2	回收固定资产余值											35
1.3	回收流动资金											150
2	现金流出	700	188	38	38	38	38	38	38	38	38	38
2.1	建设投资	700										

续表

序号	年份 项目	计算期									
		1	2	3	4	5	6	7	8	9	10	11
2.2	流动资金		150									
2.3	经营成本		26	26	26	26	26	26	26	26	26	26
2.4	销售税金及附加		12	12	12	12	12	12	12	12	12	12
3	净现金流量（1-2）	−700	62	212	212	212	212	212	212	212	212	397
4	累计净现金流量	−700	−638	−426	−214	−2	210	422	634	846	1 058	—

$$FNPV(8\%) = -700(P/F, 8\%, 1) + 62(P/F, 8\%, 2) + 212(P/A,$$
$$8\%, 8)(P/F, 8\%, 2) + 397(P/F, 8\%, 11)$$
$$= 619.56 \text{ 万元}$$

$$FNPV(FIRR) = -700(P/F, FIRR, 1) + 62(P/F, FIRR, 2) +$$
$$212(P/A, FIRR, 8)(P/F, FIRR, 2)$$

当 $i = 20\%$ 时，

$$FNPV(20\%) = -700(P/F, 20\%, 1) + 62(P/F, 20\%, 2) + 212(P/A,$$
$$20\%, 8)(P/F, 20\%, 2) + 397(P/F, 20\%, 11) = 77.74 > 0$$

当 $i = 22\%$ 时，

$$FNPV(22\%) = -700(P/F, 23\%, 1) + 62(P/F, 23\%, 2) + 212(P/A,$$
$$23\%, 8)(P/F, 23\%, 2) + 397(P/F, 23\%, 11)$$
$$= -79.22 < 0$$

$$FIRR = 20\% + \frac{77.74}{77.74 + 179.221}(23\% - 20\%) = 21.48\%$$

$$P_t = 6 - 1 + \frac{1.21}{212} = 5.01 \text{ 年}$$

因为
$$FNPV(8\%) = 619.56 \text{ 万元} > 0$$
$$FIRR = 21.48\% > 8\%$$
$$P_t = 5.01 < 6 \text{ 年}$$

所以该项目可行。

4）投资收益率。投资收益率又称投资效果系数，是指在项目达到设计能力后正常年份的年息税前利润（$EBIT$），其每年与项目全部投资（TI）的比率，是考察项目单位投资盈利能力的静态指标。其表达式为：

$$投资收益率 = \frac{年净收益}{项目全部投资} \times 100\%$$

当项目在正常生产年份内各年的收益情况变化幅度较大时，可用年平均净收益替代年净收益，计算投资收益率。在采用投资收益率对项目进行经济评价时，投资收益率不小于行业平均的投资收益率（或投资者要求的最低收益率），项目即可行。投资收益率指标由于计算口径不同，又可分为投资利润率、投资利税率、资本金利润率等指标。

$$投资利润率 = \frac{利润总额}{投资总额}$$

$$投资利税率 = \frac{利润总额 + 销售税金及附加}{投资总额}$$

$$资本金利润率 = \frac{税后利润}{资本金}$$

【例 4-6】 某建设项目，基建投资额为 25 000 万元，流动资金贷款为 3 600 万元，在项目建成投产后的第二年，每年即可实现利润 6 000 万元，年折旧费为 1 200 万元，工商税为 1 900 万元，求项目的投资收益率。

【解】 项目的投资总额为：$C_0 = 25\ 000 + 3\ 600 = 28\ 600$ 万元

$$项目投资收益率 = \frac{年净收益}{项目全部投资} \times 100\% = \frac{1\ 200 + 6\ 000}{28\ 600} \times 100\% = \frac{7\ 200}{28\ 600} \times 100\%$$
$$= 25.17\%$$

所以该项目投资收益率为 25.17%。

【例 4-7】 某注册资金为 1 500 万元的公司，投资 3 000 万元兴建一个化工厂。该项目达到设计生产能力后的一个正常年份，销售收入为 5 000 万元，年总成本费用为 2 850 万元，年销售税金及附加为 280 万元，年折旧费 100 万元。已知同类企业投资收益率、投资利税率的平均水平不小于 30%、40%。试评价该项目的获利能力水平。

【解】（1）年纯收入＝年销售收入－年经营费用

　　　　　　　＝年产品销售收入－（年总成本费用＋年销售税金及附加－折旧）

　　　　　　　＝5 000－（2 850＋280－100）＝1 970 万元

$$投资收益率 = \frac{年净收益}{项目全部投资} \times 100\% = \frac{1\ 970}{3\ 000} \times 100\% = 65.67\% > 30\%$$

（2）年投资利税总额＝年销售收入－年总成本费用＝5 000－2 850＝2 150 万元

$$投资利税率 = \frac{年利税总额（或年平均利税总额）}{投资总额} \times 100\%$$

$$= \frac{2\ 150}{3\ 000} \times 100\% = 71.67\% > 40\%$$

由于该项目投资利润率和投资利税率均高于同行业的平均水平，因此该项目获利能力较好。

（2）清偿能力评价。投资项目的资金构成一般可分为借入资金和自有资金。自有资金可长期使用，而借入资金必须按期偿还。项目的投资者自然要关心项目偿债能力；借入资金的所有者——债权人也非常关心贷出资金能否按期收回本息。因此，偿债分析是财务分析中的一项重要内容。

①资产负债率。表达式如下：

$$资产负债率＝负债总额/资产总额$$

资产负债率反映项目总体偿债能力。这一比率越低，则偿债能力越强。但是资产负债率的高低还反映了项目利用负债资金的程度，因此该指标水平应适当。

②贷款偿还期分析。项目偿债能力分析可在编制贷款偿还表的基础上进行。为了表明项目的偿债能力，可按尽早还款的方法计算。在计算中，贷款利息一般作如下假设：长期借款：当年贷款按半年计息，当年还款按全年计息。假设在建设期借入资金，生产期逐期归还，则：

$$建设期年利息＝（年初借款累计＋本年借款/2）×年利率$$
$$生产期年利息＝年初借款累计×年利率$$

流动资金借款及其他短期借款按全年计息。贷款偿还期的计算公式与投资回收期公式相似，公式为：

$$贷款偿还期＝偿清债务年份数－1+\frac{偿清债务当年应付的本息}{当年可用于偿债的资金总额}$$

贷款偿还期小于等于借款合同规定的期限时，项目可行。

③流动比率。表达式如下：

$$流动比率＝流动资产总额/流动负债总额$$

该指标反映项目各年偿付短期债务的能力。该比率越高，单位流动负债将有更多的流动资产作保障，短期偿债能力就越强。但是比率过高可能会导致流动资产利用效率低下，影响项目效益。因此，流动比率一般为 2：1 较好。

④速动比率。表达式如下：

$$速动比率＝速动资产总额/流动负债总额$$

该指标反映了企业在很短时间内偿还短期债务的能力。速动资产（流动资产－存货），是流动资产中变现最快的部分，速动比率越高，短期偿债能力越强。同样，速动比率过高也会影响资产利用效率，进而影响企业经济效益。因此，速动比率一般为 1 左右较好。

（3）不确定性分析（详见本章第六节内容）。

二、国民经济评价

1. 国民经济评价的概念

国民经济评价是按照资源合理配置的原则，从国家整体角度考察项目的效益和费用，用货物影子价格、影子工资、影子汇率和社会折现率等经济参数，分析、计算项目对国民经济的净贡献，评价项目的经济合理性。

也就是说项目的国民经济评价是将建设项目置于整个国民经济系统之中，站在国家的角度，考察和研究项目的建设与投产，给国民经济带来的净贡献和净消耗，评价其宏观经济效果，以决定其取舍。

2. 国民经济评价的基本原理

项目的国民经济评价使用基本的经济评价理论，采用费用—效益分析方法，即费用与效益比较的理论方法，寻求以最小的投入（费用）获取最大的产出（效益）。国民经济评价采取"有无对比"方法识别项目的费用和效益，采取影子价格理论方法估算各项费用和效益，采用现金流量分析方法，使用报表分析，采用内部收益率、净现值等经济盈利性指标进行定量的经济效益分析。

国民经济评价的主要工作包括识别国民经济的费用与效益、测算和选取影子价格、编制国民经济评价报表、计算国民经济评价指标并进行方案比选。

3. 国民经济评价的范围和内容

需要进行国民经济评价的项目及其内容主要有以下方面：

（1）基础设施项目和公益性项目。财务评价是通过市场价格度量项目的收支情况，考察项目的盈利能力和偿债能力。在市场经济条件下，企业财务评价可以反映出项目给企业带来的直接效果。但由于外部经济性的存在，企业财务评价不可能将项目产生的效果全部反映出来，尤其是铁路、公路、市政工程、水利电力等项目，外部效果非常显著，必须采用国民经济评价将外部效果内部化。

（2）市场价格不能真实反映价值的项目。由于某些资源的市场不存在或不完善，这些资源的价格为零或很低，因而往往被过度使用。另外，由于国内统一市场尚未形成，或国内市场未与国际市场接轨，失真的价格会使项目的收支状况变得过于乐观或过于悲观。因而有必要通过影子价格对失真的价格进行修正。

（3）资源开发项目。自然资源、生态环境的保护和经济的可持续发展，意味着为了长远的整体利益，有时必须牺牲眼前的局部利益。那些涉及自然资源保护、生态环境保护的项目必须通过国民经济评价客观选择社会对资源使用的时机。如国家控制的战略性资源开发项目、动用社会资源和自然资源较大的中外合资项目等。

第六节　不确定性分析

建设项目的技术经济分析是一项预计性工作，在经济评价中所采用的数据均有一定的依据，并假定这些数据在项目寿命周期内是不变的，这种做法对分析项目盈利能力是可以的。但在项目实施的整个过程中，有些因素诸如价格、生产能力、投资费用、项目寿命期、所采用的折现率等有可能发生变化，从而使这些因素具有不确定性，并对评价指标的计算产生影响。为了分析不确定性因素对经济评价指标的影响，需进行不确定性分析。

　　建设项目不确定性分析就是分析不确定性因素对评价指标的影响，估计项目可能承担的风险，分析项目在财务和经济上的可靠性。

　　不确定性分析的方法主要有盈亏平衡分析、敏感性分析和概率分析。

一、盈亏平衡分析

1. 盈亏平衡分析的概念

　　盈亏平衡分析也叫收支平衡分析或损益平衡分析。即通过盈亏平衡点（BEP）分析项目成本与效益的平衡关系的一种方法。通过盈亏平衡分析研究建设项目投产后正常年份的产量、成本和利润三者之间的平衡关系，以利润为零时的收益与成本的平衡为基础，测算项目的生产负荷状况，度量项目承受风险的能力。

　　具体地说，就是通过对项目正常生产年份的生产量、销售量、销售价格、税金、可变成本、固定成本等数据进行计算，以求得盈亏平衡点及其所对应的自变量，分析自变量的盈亏区间，分析项目承担风险的能力。

2. 盈亏平衡分析的前提条件

　　进行盈亏平衡分析有以下四个假定条件：

　　（1）产销量一致，即产量等于销售量，当年生产的产品当年销售出去。

　　（2）产量变化，单位可变成本不变，从而总成本费用是产量的线性函数。

　　（3）产量变化，产品售价不变，从而销售收入是销售量的线性函数。

　　（4）只生产单一产品，或者生产多种产品，但可以换算为单一产品计算，也即不同产品负荷率的变化是一致的。

3. 盈亏平衡点的计算

　　盈亏平衡点可以采用公式计算法求取，也可以采用图解法求取。

　　（1）公式计算法。盈亏平衡点的计算公式为：

$$利润＝产量×价格－固定成本－单位产品的可变成本×产量$$

$$R = PQ - F - VQ$$

式中　R——项目利润；

　　　　P——产品价格；

　　　　Q——产品产量；

　　　　F——固定成本；

　　　　V——单位产品的可变成本。

　　当项目盈亏平衡时，$R = 0$

即　　　　　　　　　　　　　　$PQ - VQ - F = 0$

其中　　　　　　　　　　　　　$Q^* = F / (P - V)$

式中　Q^*——盈亏平衡点的产量。

　　若考虑产品的所得税、销售税金及附加，则：

$$Q^* = (F+T+S) / (P-V)$$
$$Q^* = (F+S) / (P-V-T)$$

式中　T——项目总的销售税金及附加；

　　　S——项目的所得税。

（2）图解法。盈亏平衡点可以采用图解法求得。

盈亏平衡点可以直接绘制盈亏平衡图（图 4-7）求得，该图是以产量（销售量）或生产能力利用率（%）为横坐标，以销售收入和产品总成本费用（包括固定成本和可变成本）为纵坐标绘制的销售收入曲线和总成本费用曲线。两条曲线的交点即为盈亏平衡点 Q^*（简称 BEP）。与盈亏平衡点对应的横坐标，即为以产量或生产能力利用率表示的盈亏平衡点 B。

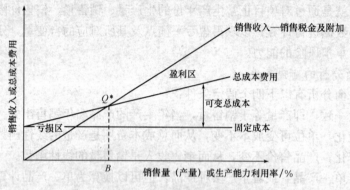

图 4-7　盈亏平衡分析图

进行项目盈亏平衡分析时，如果附有盈亏平衡图，将更为直观，便于理解。另外，在绘制盈亏平衡图时，销售税金及附加通常均可视为项目必要的固定支出，此时，将使盈亏平衡点向上移动。

图中销售收入线（如果销售收入和成本费用都是按含税价格计算的，销售收入中还应减去增值税）与总成本费用线的交点即为盈亏平衡点，这一点所对应的产量即为 BEP（产量），也可换算为 BEP（生产能力利用率）。

BEP（生产能力利用率）= ［年总固定成本÷（年销售收入－年可变成本－年销售税金及附加*）］×100%

注：如采用含税价格计算，应再减去增值税。

【例 4-8】某设计方案年产量为 10 万吨，已知每吨产品的销售价格为 575 元，每吨产品缴付的销售税金（含增值税）为 145 元，单位可变成本为 235 元，年总固定成本费用为 1 500万元，试求产量的盈亏平衡点、盈亏平衡点的生产能力利用率。

【解】BEP（产量）= 1 500÷（575－235－145）= 7.69 万吨

BEP（生产能力利用率）= ［1 500÷（5 750－2 350－1 450）］= 76.92%

二、敏感性分析

1. 敏感性分析的概念

敏感性分析旨在研究和预测项目主要因素发生浮动时对经济评价指标的影响，分析最敏感的因素对评价指标的影响程度，确定经济评价指标出现临界值时各主要敏感因素的变化的数量界限，为进一步测定项目评价决策的总体安全性，项目运行承受风险的能力等，提供定性分析的依据。

敏感性分析是盈亏平衡分析的深化，可用于财务评价也可用于国民经济评价，考虑的因素有产量、销售价格、可变成本、固定成本、建设工期、外汇牌价、折旧率等，评价指标有内部收益率、利润、资本金、利润率、借款偿还期，也可分析盈亏平衡点对某些因素的敏感度。

2. 敏感性分析的内容和方法

敏感性分析的做法通常是改变一种或多种不确定因素的数值，计算其对项目效益指标的影响，通过计算敏感度系数和临界点，估计项目效益指标对它们的敏感程度，进而确定关键的敏感因素。通常将敏感性分析的结果汇总于敏感性分析表，也可通过绘制敏感性分析图显示各种因素的敏感程度并求得临界点。

敏感性分析包括单因素敏感性分析和多因素敏感性分析。单因素敏感性分析是指每次只改变一个因素的数值来进行分析，估算单个因素的变化对项目效益产生的影响；多因素分析则是同时改变两个或两个以上因素进行分析，估算多因素同时发生变化的影响。为了找出关键的敏感性因素，通常多进行单因素敏感性分析。

敏感性分析一般只考虑不确定性因素的不利变化对项目效益的影响，为了作图的需要也可考虑不确定因素的有利变化对项目效益的影响。

三、概率分析

某事件的概率可分为客观概率和主观概率两类。通常把以客观统计数据为基础的概率称为客观概率。

以人为预测和估计为基础的概率称为主观概率，如产量、销售单价、投资、建设工期等。经济评价的概率分析主要是主观概率分析。对不确定性因素出现的概率进行预测和估算有一定的难度，各地又缺乏这方面的经验。目前建设项目仅对大中型项目要求采用简单的概率分析方法就净现值的期望值和净现值大于等于零时累计概率进行研究，累计概率值越大，说明项目承担风险越小。并允许根据经验设定不确定因素的概率分布。

简单的概率分析是在根据经验设定各种情况发生的可能性（即概率）后，计算项目净现值的期望值及净现值大于或等于零时的累计概率。在方案比选中，可只计算净现值的期望值，计算中应根据具体问题的特点选择适当的计算方法。一般的计算步骤如下。

（1）列出各种要考虑的不确定性因素（敏感要素）。

（2）设想各不确定性因素可能发生的情况，即其数值发生变化的几种情况。

（3）分别确定每种情况出现的可能性即概率，每种不确定性因素可能发生情况的概率之和必须等于1。

（4）分别求出各可能发生事件的净现值、加权净现值，然后求出净现值的期望值。

（5）求出净现值大于或等于零的累计概率。

总之，概率分析是使用概率研究预测各种不确定性因素和风险因素的发生对项目经济效益评价指标影响的一种定量分析方法。利用这种分析可以对不确定性因素及其对项目投资经济效益影响的程度定量化，从而比较科学地判断项目在可能的风险因素影响下是否可行。

本 章 小 结

正确的建设项目决策是合理确定与控制工程造价的前提。项目决策正确，就能使建设资金合理利用的同时，提高投资收益。正确的决策又是设计的依据，关系到工程造价的高低和投资效果以及资源的合理配置。本章重点讲述了建设项目决策阶段工程造价控制，决策阶段的工程造价控制的重点乃至难点在于可行性研究报告，应重点学习。

思 考 与 练 习

1. 什么是投资决策？说明建设项目决策及工程造价的关系。
2. 项目决策阶段影响工程造价的主要因素有哪些？
3. 建设项目投资决策体系是如何构成的？
4. 简述建设项目可行性研究的作用和内容。
5. 试述建设工程项目投资估算的构成。
6. 试说明流动资金的内容及计算方法。
7. 投资估算的编制方法有哪些？
8. 建设项目财务评价报表都有哪些？各有什么特点？
9. 试说明建设项目财务评价指标体系分类。
10. 项目清偿能力分析的指标评价方法及评价准则有哪些？
11. 盈亏平衡分析点有哪几种？
12. 敏感性分析的内容有哪些？
13. 简述概率计算的步骤。

第五章　建设工程设计阶段投资控制

学习重点

1. 限额设计的基本原理和内容。
2. 价值工程的原理及其活动的基本程序。
3. 设计概算的编制根据、原则与审查内容。
4. 施工图预算的编制方法。
5. 设计阶段技术经济指标分析。

培养目标

熟悉限额设计的方法，设计概算的编制和审查方法；掌握施工图预算的编制和审查方法，设计阶段技术经济指标分析。

第一节　限额设计

一、执行设计标准

设计标准是国家的重要技术规范，来源于工程建设实践经验和科研成果，是工程建设必须遵循的科学依据，设计标准体现了科学技术向生产力的转化，是保证工程质量的前提，是工程建设项目创造经济效益的途径之一。设计规范（标准）的执行，有利于降低投资、缩短工期；有的设计规范虽不直接降低项目投资，但能降低建筑全寿命费用；还有的设计规范，可能使项目投资增加，但保障了生命财产安全，从宏观角度讲，经济效益也是好的。

1. 设计标准的作用
(1) 保证工程的安全性和预期的使用功能；
(2) 对建设工程的规模、内容、建造标准进行控制；
(3) 提供设计所必要的指标、定额、计算方法和构造措施；
(4) 减少设计工作量、提高设计效率；
(5) 为降低工程造价、控制工程投资提供方法和依据；
(6) 促进建筑工业化、装配化，加快建设速度。

2. 设计标准化的要求
正确理解和运用设计标准是做好设计阶段投资控制工作的前提，其基本要求如下：

（1）根据建设地点的自然、地质、地理、物资供应等条件和使用功能，制定合理的设计方案，明确方案应遵循的标准规范；

（2）充分了解工程设计项目的使用对象、规模、功能要求，选择相应的设计标准规范作为依据，合理确定项目等级和面积分配、功能分区以及材料、设备、装修标准和单位面积造价的控制指标；

（3）施工图设计前应检查是否符合设计标准规范的规定；

（4）当遇特殊情况难以执行标准规范时，特别是涉及安全、卫生、防火、环保等问题时，应取得当地有关管理部门的批准或认可。

（5）当各层次标准出现矛盾时，应以上级标准或管理部门的标准为准。在使用功能方面应遵守上限标准（不超标）；在安全、卫生等方面应注意下限标准（不降低要求）；

二、推行标准设计

标准设计是指按照国家规定的现行标准规范，对各种建筑、结构和构配件等编制的具有重复作用性质的整套技术文件，经主管部门审查、批准后颁发的全国、部门或地方通用的设计。推行标准设计，能加快设计速度，节约设计费用；可进行机械化、工厂化生产，提高劳动生产率，缩短建设周期；有利于节约建筑材料，降低工程造价。据统计，采用标准设计一般可加快设计进度 1～2 倍，节约建设投资 10％～15％。

1. 标准设计的特点

标准设计主要具有以下特点：

（1）以图形表示为主，对操作要求和使用方法作文字说明；

（2）具有设计、施工、经济标准各项要求的综合性；

（3）设计人员选用后可直接用于工程建设，具有产品标准的作用；

（4）对地域、环境的适应性要求强，地方性标准较多；

（5）除特殊情况可作少量修改外，一般情况，设计人员不得自行修改标准设计。

2. 标准设计的分类

标准设计的种类很多，有一个工厂全厂的标准设计（如火电厂、糖厂、纺织厂和造纸厂等），有一个车间或某个单项工程的标准设计，有公用辅助工程（如供水、供电等）的标准设计，有某些建筑物（如住宅等）、构筑物（如冷水塔等）的标准设计，也有建筑工程某些部位的构配件或零部件（如梁、板等）的标准设计。

标准设计从管理权限和适用范围方面来讲，分为以下几类。

（1）国家标准设计，简称"国标"。这是指对全国工程建设具有重要作用的、跨行业、跨地区的、可在全国范围内统一通用的设计。这种设计由编制部门提出送审文件，报国家发改委审批颁发。

（2）部颁标准设计，简称"部标"。这是指可以在全国各有关专业范围内统一通用的设计。这种设计由各专业主管部、总局审批颁发。

（3）省、自治区、直辖市标准设计，简称"地方标准"。这是指可以在本地区范围内统一通用的标准设计。这种设计由省、自治区、直辖市审批颁发。

（4）设计单位自行制定的标准。这是指在本单位范围内需要统一，在本单位内部使用的设计技术原则、设计技术规定，由设计单位批准执行，并报上一级主管部门备案。

3. 标准设计的阶段划分

标准设计一般分为初步设计和施工图设计两个阶段。初步设计阶段，主要是确定设计原则和技术条件，提出在技术经济上合理的设计方案。施工图设计阶段，是根据批准的初步设计，提供符合生产、施工要求的施工图。

4. 标准设计的一般范围

（1）重复建造的建筑类型及生产能力相同的企业、单独的房屋和构筑物，都应采用标准设计或通用设计。

（2）对不同用途和要求的建筑物，按照统一的建筑模数、建筑标准、设计规范、技术规定等进行设计。

（3）当整个房屋或构筑物不能定型化时，则应把其中重复出现的部分，如房屋的建筑单元、节间和主要的结构点构造，在配件标准化的基础上定型化。

（4）建筑物和构筑物的柱网、层高及其他构件尺寸的统一化。

（5）建筑物采用的构配件应力求统一化，在基本满足使用要求和修建条件的情况下，尽可能地具有通用互换性。

5. 采用标准设计的意义和作用

标准设计是在经过大量调查研究，反复总结生产、建设实践经验和吸收科研成果的基础上制定出来的，因此，在建设项目中积极采用标准设计具有以下的意义和作用：

（1）加快提供设计图纸的速度、缩短设计周期、节约设计费用；

（2）可使工艺定型、易提高工人技术水平、易使生产均衡、提高劳动生产率和节约材料，有益于较大幅度降低建设投资；

（3）可加快施工准备和定制预制构件等项工作，并能使施工速度大大加快，既有利于保证工程质量，又能降低建筑安装工程费用；

（4）按通用性条件编制、按规定程序审批，可供大量重复使用，做到既经济又优质；

（5）贯彻执行国家的技术经济政策，密切结合自然条件和技术发展水平，合理利用资源和材料设备，考虑施工、生产、使用和维修的要求，便于工业化生产。

三、推行限额设计

（一）限额设计的基本原理

限额设计的基本原理是通过合理确定设计标准、设计规模和设计原则，通过合理取定概预算基础资料，通过层层设计限额，来实现投资限额的控制和管理。限额设计不是一味考虑节约投资，也不是简单地裁减投资，而应该是设计质量的管理目标。

　　限额设计就是按照批准的可行性研究投资估算，控制初步设计，按照批准的初步设计总概算控制施工图设计，同时各专业在保证达到使用功能的前提下，按分配的投资限额控制设计，并严格控制设计的不合理变更，保证不突破总投资限额的工程设计过程。

　　限额设计绝非限制设计人员的设计思想，而是要让设计人员把设计与经济二者统一结合起来；即监理工程师要求设计人员在设计过程中必须考虑经济性。

　　监理工程师在设计进展过程中及各阶段设计完成时，要主动地对已完成的图纸内容进行估价，并与相应的概算、修正概算、预算进行比较对照，若发现超投资情况，应找出其中原因，并向业主提出建议，从而在业主授权后，指示设计人员修改设计，使投资降低到投资额内。如果未经业主同意，监理工程师无权提高设计标准和设计要求。

（二）限额设计的内容

1. 纵向投资控制

限额设计必须贯穿设计的各个阶段，实现限额设计的纵向控制。

（1）可行性工程。建设项目从可行性研究开始，便要建立限额设计观念，合理、准确地确定投资估算，是核定项目总投资额的依据。获得批准后的投资估算，就是下一阶段进行限额设计、控制投资的重要依据。

（2）初步设计。初步设计应该按核准后的投资估算限额，通过多个方案的设计比较、优选来实现。初步设计应严格按照施工规划和施工组织设计，按照合同文件要求进行，并要切实、合理地选定费用指标和经济指标，正确地确定设计概算。经审核批准后的设计概算限额，便是下一步施工详图设计控制投资的依据。

（3）施工图设计。施工图设计是设计单位的最终产品，必须严格地按初步设计确定的原则、范围、内容和投资额进行设计，即按设计概算限额，进行施工图设计。但由于初步设计受外部条件如工程地质、设备、材料供应、价格变化以及横向协作关系的影响，加上人们主观认识的局限性，往往给施工图设计及其以后的实际施工，带来局部变更和修改，合理地修改、变更是正常的，关键是要进行核算和调整，来控制施工图设计不突破设计概算限额。对于涉及建设规模、设计方案等的重大变更，则必须重新编制或修改初步设计文件和初步设计概算，并以批准的修改初步设计概算作为施工图设计的投资控制额。

（4）加强设计变更的管理工作。加强设计变更的管理工作，对于确实可能发生的变更，应尽量提前实现，如在设计阶段变更，只需改图纸，其他费用尚未发生，损失有限；如果在采购阶段变更，则不仅要修改图纸，设备材料还必须重新采购；若在施工中变更，除上述费用外，已施工的工程还须拆除，势必造成重大变更损失。为此，要建立相应的设计管理制度，尽可能把设计变更控制在设计阶段，对影响工程造价的重大设计变更，更要用先算后变的办法。

2. 横向投资控制

限额设计是健全和加强设计单位对建设单位以及设计单位内部的经济责任制，实现限额设计的横向控制。

（1）明确设计单位内部各专业科室对限额设计的责任，建立各专业投资分配考核制；

（2）设计开始前按估算、概算、预算不同的阶段将工程投资按专业分配，分段进行考核。下一阶段指标不得突破上一阶段指标。哪一专业突破控制投资指标时，应首先分析突破原因，用修改设计的方法解决，在本阶段处理，责任落实到个人，建立限额设计的奖惩机制。

第二节 价值工程

一、价值工程的定义及主要特征

价值工程简称 VE，是一门科学的现代化管理技术，是一项新兴的技术与经济结合的分析方法，是降低产品成本的一种有效的管理技术，广泛应用于产品设计与工艺，用以提高项目建设的经济效果，是研究用最少的成本支出，实现必要的功能，从而达到提高产品价值的一门科学。

VE 并不单纯追求降低成本，也不片面追求提高功能，而是要求提高它们之间的比值。如因降低成本而引起产品功能的大幅度下降，损害用户利益，这样的降低成本不是 VE 的做法。同样，片面追求提高功能使成本大幅度提高，结果使用户买不起，也是不可取的。因此，在项目设计时，应当研究功能和成本的最佳匹配方式。

1. 价值工程的定义

价值工程是分析项目功能和成本间的关系，力求以最低的项目寿命周期投资实现项目的必要功能的有组织的活动。这里的"价值"定义可以用公式表示如下：

$$V = \frac{F}{C}$$

式中 V 为价值（Value）、F 为功能（Function）、C 为成本或费用（Cost）。

价值工程的定义包含了以下三个方面的内容：

（1）价值工程的目的是以最低的总投资获得项目的必要功能。

（2）价值工程的核心是对项目进行功能分析。

（3）价值工程是一种依靠集体智慧而进行的有组织、有领导的系统活动。

价值工程并不是通过一般的方法来实现成本的降低，而是通过功能分析，明确分析对象的必要功能，然后设法以最低的总费用来实现这个必要功能。

2. 价值工程的主要特征

（1）价值工程以使用者的功能需求为出发点。

（2）价值工程的目标是实现以最低的总成本使某产品或作业具有它所必须具备的功能。总成本是指寿命周期成本，包括制造成本和使用成本。在价值工程里，强调的是总成本的降低，即整个系统的经济效果，如图 5-1 所示。从图 5-1 中可以看出，对应于功能 F，产品寿命周期总成本有一个最低点，从价值工程的角度来看，功能 F_0 和寿命周期 C_{min} 是一种技术与经济的最佳结合。

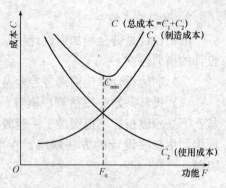

图 5-1　功能与成本的关系

（3）价值工程的核心是对产品进行功能分析，在保证产品质量的前提下，对产品的结构和零部件的功能进行分析研究，排除那些与质量无关的多余功能，从而达到降低成本，提高经济效益的目的。

（4）价值工程是利用有组织的集体智慧来实现其总目标。一种产品从设计到产成出厂，要通过企业内部的许多部门。一个改进方案，从方案提出到进行试验，到最后付诸实现，是依靠集体智慧和力量，通过许多部门的配合，才能体现到产品上，达到提高产品功能和降低成本的目的。

（5）价值工程侧重在产品研制阶段开展工作。实践证明，无论新产品开发还是老产品改造，设计研制阶段的工作对生产阶段产品的质量和成本影响最大。

二、价值工程活动的基本程序

开展价值工程活动一般分为 4 个阶段、12 个步骤，见表 5-1。

表 5-1　价值工程的一般工作程序

阶　段	步　骤	应回答的问题
准备阶段	（1）对象选择 （2）组成价值工程小组 （3）制订工作计划	VE 的对象是什么？
分析阶段	（4）搜集整理信息资料 （5）功能系统分析 （6）功能评价	该对象的用途是什么？ 成本和价值是多少？
创新阶段	（7）方案创新 （8）方案评价 （9）提案编写	是否有替代方案？ 新方案的成本是多少？ 能否满足要求？
实施阶段	（10）审批 （11）实施与检查 （12）成果鉴定	

三、价值工程的主要工作内容

1. 对象选择

（1）对象选择的一般原则。选择价值工程对象时一般应遵循以下两条原则：一是优先考虑企业生产经营上迫切要求改进的主要产品，或是对国计民生有重大影响的项目；二是对企业经济效益影响大的产品（或项目）。具体包括以下几个方面。

①设计方面：选择结构复杂、体大量重、技术性能差、能源消耗高、原材料消耗大或是稀有、贵重的奇缺产品。

②施工生产方面：选择产量大、工序繁琐、工艺复杂、工装落后、返修率高、废品率高、质量难于保证的产品。

③销售方面：选择用户意见大、退货索赔多、竞争力差、销售量下降或市场占有率低的产品。

④成本方面：选择成本高、利润低的产品或在成本构成中比重大的产品。

（2）价值分析的重点对象。由于价值分析的对象价值低、降低成本潜力大，故工程设计价值分析的对象选择应遵循以下原则：

①选择数量大，应用面广的构配件，如外墙、楼板、防水材料、人工地基等。因为它们降低成本的潜力大。

②选择成本高的工程和构配件，因为它们改进的潜力大，对产品的价值影响大。

③选择结构复杂的工程和构配件，因为它们有简化的可能性。

④选择体积与重量大的工程和构配件，因为它们是节约原材料和改进施工（生产）工艺的重点。

⑤选择对产品功能提高起关键作用的构配件，以期改进后对提高功能有显著效果。

⑥选择在使用中维修费用高、耗能量大或在使用期的总费用较大的工程和构配件。

⑦选择畅销产品，以保持优势，提高竞争力。

⑧选择在施工中容易保证质量的工程和构配件。

⑨选择施工难度大、材料和工时消耗大的工程和构配件，以研究降低施工难度、降低材料和工时消耗的可能。

⑩选择可利用新材料、新设备、新工艺、新结构及在科研上已有先进成果的工程和构配件。

总之，选择的对象或可提高功能，或可降低成本，或有利于价值提高的那些对象。防止忽视价值水平而单独考虑提高功能或单纯考虑降低成本，结果导致价值降低的倾向。对于每项设计任务，应具体对待，不可一概而论。

（3）对象选择的方法。对象选择的方法有很多，每种方法有各自的优点和适应性。

①经验分析法。又称因素分析法，是一种定性分析的方法，即凭借开展价值工程活动人员的经验和智慧，根据对象选择应考虑的因素，通过定性分析来选择对象的方法。其优点是

能综合、全面地考虑问题且简便易行，不需特殊训练，特别是在时间紧迫或信息资料不充分的情况下，利用此法较为方便。缺点是缺乏定量依据，分析质量受工作人员的工作态度和知识经验水平的影响较大。

②百分比法。即按某种费用或资源在不同项目中所占的比重大小来选择价值工程对象的方法。

③A、B、C分析法。运用数理统计分析原理，根据局部成本在总成本中的比重大小来选择价值工程对象。一般来说，企业产品的成本往往集中在少数关键部件上。在选择对象产品或部件时，为便于抓重点，把产品（或部件）种类按成本大小顺序划分为A、B、C三类。部件数量占10%～15%、成本占70%～80%的为A类；部件数量占15%～20%、成本占10%～20%的为B类；部件数量占60%～80%、成本占5%～10%的为C类。

④强制确定法。该方法在选择价值工程对象、功能评价和方案评价中都可以使用。在对象选择中，通过对每个部件与其他各部件的功能重要程度进行逐一对比打分，相对重要的得1分，不重要的得0分，即01法，以各部件功能得分占总分的比例确定功能评价系数，根据功能评价系数和成本系数确定价值系数。

$$部件功能系数\ F_i = \frac{某部件的功能得分值}{全部部件功能得分值}$$

$$部件成本系数\ C_i = \frac{该部件目前成本}{全部部件成本}$$

$$部件价值系数\ V_i = \frac{部件功能评价系数}{部件成本系数}$$

当$V_i < 1$时，部件i作为VE对象；当$V_i = 1$时不作为VE对象；$V_i > 1$时视情况而定。

2. 情报资料收集

不同价值工程对象所需搜集的信息资料内容不尽相同。一般包括市场信息、用户信息、竞争对手信息、设计技术方面的信息、制造及外协方面的信息、经济方面的信息、本企业的基本情况、国家和社会方面的情况等。搜集信息资料是一项周密而系统的调查研究活动，应有计划、有组织、有目的地进行。

搜集信息资料的方法通常有：①面谈法：通过直接交谈搜集信息资料；②观察法：通过直接观察VE对象搜集信息资料；③书面调查法：将所需资料以问答形式预先归纳为若干问题，然后通过资料问卷的回答来获取信息资料。

3. 功能分析

功能分析是价值工程的核心。功能分析的目的就是研究产品各组成部分和它们之间的相互关系，对零件的功能进行技术和经济两方面的分析，回答"它的作用是什么"的提问，为功能数量化、进行功能评价、创造方案和实现方案的最优化提供依据。功能分析是通过给选定的对象下功能定义，进行功能分类和整理，根据用户要求的功能，寻求实现功能的最低费用，以便与功能的现实费用进行比较，回答"它的成本是多少"，"它的价值如何"的提问，从而找出提高价值的对象，并估计其改善的可能性。

4.功能评价

从VE的工程程序来看，当功能分析明确了用户所要求的功能之后，就要进一步找出实现这一功能的最低费用（也称功能评价值），以功能评价值为基准，通过与实现功能的现实成本相互比较，求出两者的比值（称作功能价值）和二者的差（又称改善期望值）。然后选择功能价值低，改善期望大的功能，作为VE进一步开展活动的重点对象。这一评价功能价值的工作叫做功能评价。

功能评价包括研究对象的价值评价和成本评价两方面的内容。价值评价着重计算、分析、研究对象的成本与功能间的关系是否协调、平衡，评价功能价值的高低，评定需要改进的具体对象；功能价值的一般计算公式与对象选择时价值的基本计算公式相同，所不同的是功能价值计算所用的成本按功能统计，而不是按部件统计。功能价值的计算公式如下：

$$V_i = \frac{F_i}{C_i}$$

式中　F_i——对象的功能评价值（元）；

　　　C_i——对象i功能的目前成本（元）；

　　　V_i——对象的价值（系数）。

成本评价是计算对象的目前成本和目标成本，分析、测算成本降低期望值，排列改进对象的优先顺序。成本评价的计算公式如下：

$$\Delta C = C - C'$$

式中　C'——对象的目标成本（元）；

　　　C——对象的目前成本（元）；

　　　ΔC——成本降低期望值（元）。

5.方案创造

依靠集体的智慧，针对提高价值的对象，提出各种各样改进的设想方案，回答"还有其他方法实现这一功能吗?"的提问。

6.方案评价

对于在功能分析基础上提出的各种改进设想方案，要运用科学的方法，进行技术可行性和经济可行性的概略评价。通过评选出有价值的改进方案，在此基础上进一步具体化，回答"新方案的成本是多少?"的提问。

7.试验研究

对具体方案进行技术上的试验和论证，对方案的优缺点作全面的分析研究，以检验方案能否满足预定的要求，回答"新方案能可靠地实现必要功能吗?"的提问。

8. 详细评价与实施

对经过上述步骤选出的改进方案，进一步从技术、经济、社会等方面进行详细评价，最后确定最优方案，并将此方案作为正式方案提交有关领导审批，批准后即可组织实施。

9. 活动成果评价

方案实施后，必须对成果进行全面评价，以便明确经济效益，不断提高 VE 活动水平。

第三节　设计概算的编制与审查

一、设计概算的内容与作用

1. 设计概算的内容

设计概算是初步设计概算的简称，是指在初步设计或扩大初步设计阶段，由设计单位根据初步设计图纸、定额、指标、其他工程费用定额等，对工程投资进行的概略计算。这是初步设计文件的重要组成部分，是确定工程设计阶段的投资的依据，经过批准的设计概算是控制工程建设投资的最高限额。

设计概算分为三级概算，即单位工程概算、单项工程综合概算、建设项目总概算。

2. 设计概算的作用

设计概算主要有以下几方面的作用。

（1）设计概算是确定建设项目、各单项工程及各单位工程投资的依据。按照规定报请有关部门或单位批准的初步设计及总概算，一经批准即作为建设项目静态总投资的最高限额，不得任意突破，必须突破时需报原审批部门（单位）批准。

（2）设计概算是编制投资计划的依据。计划部门根据批准的设计概算，编制建设项目年固定资产投资计划，并严格控制投资计划的实施。若建设项目实际投资数额超过了总概算，那么必须在原设计单位和建设单位共同提出追加投资的申请报告基础上，经上级计划部门审核批准后，方能追加投资。

（3）设计概算是实行投资包干的依据。在进行概算时，单项工程综合概算及建设项目总概算是投资包干指标商定和确定的基础，尤其经上级主管部门批准的设计概算或修正概算，是主管单位和包干单位签订包干合同，控制包干数额的依据。

（4）设计概算是进行拨款和贷款的依据。银行根据批准的设计概算和年度投资计划，进行拨款和贷款，并严格实行监督控制。对超出概算的部分，未经计划部门批准，银行不得追加拨款和贷款。

（5）设计概算是考核设计方案的经济合理性和控制施工图预算的依据。设计单位依据设计概算进行技术经济分析和多方案评价，以提高设计质量和经济效益，同时保证施工图预算在设计概算的范围内。

（6）设计概算是进行各种施工准备、设备供应指标、加工订货及落实各项技术经济责任制的依据。

（7）设计概算是控制项目投资、考核建设成本、提高项目实施阶段工程管理和经济核算水平的必要手段。

二、设计概算的编制

（一）设计概算的编制依据及编制原则

1. 设计概算的编制依据

设计概算主要的编制依据包括以下内容：

（1）经批准的建设项目计划任务书。计划任务书由国家或地方基建主管部门批准，其内容随建设项目的性质而异。

（2）初步设计或扩大初步设计图纸和说明书。

（3）概算指标、概算定额或综合预算定额。这三项指标是由国家或地方基建主管部门颁发的，是计算价格的依据，不足部分可参照预算定额或其他有关资料。

（4）设备价格资料。各种定型设备（如各种用途的泵、空压机、蒸汽锅炉等）均按国家有关部门规定的现行产品出厂价格计算；非标准设备按非标准设备制造厂的报价计算。此外，还应增加供销部门的手续费、包装费、运输费及采购包管等费用资料。

（5）地区工资标准和材料预算价格。

（6）有关取费标准和费用定额。

2. 设计概算的编制原则

（1）应深入现场进行调查研究。

（2）结合实际情况合理确定工程占用。

（3）抓住重点环节，严格控工程概算造价。

（4）应全面、完整地反映设计内容。

（二）设计概算的编制方法

设计概算是从最基本的单位工程概算编制开始逐级汇总而成的。

1. 单位工程概算的编制方法

（1）建筑工程概算编制方法。建筑工程概算的编制方法包括扩大单价法、概算指标法、类似工程预算法。

1）扩大单价法。当初步设计达到一定深度、建筑结构比较明确时，可采用这种方法编制建筑工程概算。

采用扩大单价法编制概算，首先根据概算定额编制扩大单位估价表（概算定额基础价）。概算定额是按一定计算单位规定的、扩大分部分项工程或扩大结构部门的劳动、材料和机械台班的消耗量标准。扩大单位估价表是确定单位工程中，各扩大分部分项工程或完整的结构所需全部人工费、材料费、施工机械使用费之和的文件。其计算公式为：

$$概算定额基价 = \frac{概算定额}{单位材料费} + \frac{概算定额}{单位人工费} + \frac{概算定额}{单位施工机械使用费}$$

$$= \sum \left(\frac{概算定额中}{材料消耗量} \times \frac{材料预}{算价格} \right) + \sum \left(\frac{概算定额中}{人工工日消耗量} \times \frac{人工工}{资价格} \right) +$$

$$\sum \left(\frac{概算定额中施工}{机械台班消耗量} \times \frac{机械台班}{费用单价} \right)$$

然后，用算出的扩大分部分项工程的工程量，乘以扩大单位估价，进行具体计算。其中工程量的计算，必须根据定额中规定的各个扩大分部分项工程内容，遵循定额中规定的计算单位、工程量计算规则及方法来进行。

采用扩大单价法编制建筑工程概算比较准确，但计算比较烦琐。只有具备一定的设计基本知识、熟悉概算定额，才能弄清分部分项的扩大综合内容，才能正确地计算扩大分部分项的工程量。同时在套用扩大单位估价时，如果所在地区的工资标准及材料预算价格与概算定额不一致时，则需要重新编制扩大单位估价或测定系数加以调整。

2）概算指标法。当初步设计深度不够，不能准确地计算工程量，但工程采用的技术比较成熟而又有类似概算指标可以利用时，可采用概算指标法来编制概算。

概算指标是指按一定计量单位规定、比概算定额更综合扩大的分部工程或单位工程等的劳动、材料和机械台班的消耗量标准和造价指标。在建筑工程中，它往往以完整的建筑物建筑面积或建筑体积、构筑物的体积或座等为计量单位。

由于概算指标是按每幢建筑物每平方米建筑面积，或每万元货币表示的价值或材料消耗量，因此它比概算定额（或综合预算定额）更进一步扩大、综合，所有按此法编制的设计概算比按概算定额（或综合预算定额）编制的设计概算更加简化，但它的精确度显然也要比用概算定额（或综合预算定额）编制的设计概算差。

用概算指标编制概算的方法有以下两种。

①直接套用概算指标编制概算。如果设计工程项目，在结构上与概算指标中某类型结构的建筑物相符，则可直接套用指标进行编制。

②根据概算指标计算出直接费用，然后再编制概算。

当设计对象的结构特征与概算指标的结构特征局部有差别时，可用修正概算指标，再根据已计算的建筑面积或建筑体积乘以修正后的概算指标及单位价值，算出工程概算价值。

3）类似工程预算法。当工程设计对象与已建成或在建工程相类似，结构特征基本相同，或者概算定额和概算指标不全，就可以采用这种方法编制单位工程概算。

类似工程预算法就是以原有的相似工程的预算为基础，按编制概算指标方法，求出单位工程的概算指标，再按概算指标法编制建筑工程概算。

用类似工程预算法计算时，应区别以下两种情况计算：

①当设计对象与类似预算的设计在结构或者建筑上存在差异时可参考修正概算指标加以修正。

②当遇到地区工资、材料预算价格、施工机械使用费、间接费存在差异时，需编制修正系数。计算修正系数时，先求类似预算的人工工资、材料费、机械使用费、间接费在全部价值中所占的比重，然后分别求其修正系数，最后求出总的修正系数。

最终单位工程的概算价值为：

$$概算价值＝类似工程预算的价值×总修正系数$$

（2）设备及安装工程概算编制方法。设备购置费由设备原价和设备运杂费组成。国产标准设备原价一般是根据设备型号、规格、材质数量及所附带的配件内容，套用主管部门规定的或工厂自行制定的现行产品出厂价格逐项计算。对于非主要标准设备的原价也可按占主要设备总原价的百分比计算。百分比指标按主管部门或地区有关规定执行。

设备安装工程概算编制方法有预算单价法、扩大单价法、安装设备百分比法和综合吨位指标法。

1）预算单价法。当初步设计较深，有详细的设备清单时，可直接按安装工程预算定额单价编制设备安装工程概算，其程序基本等同于安装工程施工图预算。

2）扩大单价法。当初步设计深度不够，设备清单不完备，只有主体设备或仅有成套设备重量时，可采用主体设备或成套设备的综合扩大安装单价来编制概算。

3）安装设备百分比法。当初步设计深度不够，只有设备出厂价而无详细规格、重量时，安装费可按占设备费的百分比计算。

4）综合吨位指标法。当初步设计提供的设备清单有规格和重量时，可采用综合吨位指标法来编制概算。

2. 单项工程综合概算的编制

综合概算是以单项工程为编制对象，确定建成后可独立发挥作用的建筑物或构筑物所需全部建设费用的文件，由该单项工程内各单位工程概算书汇总而成。

综合概算书是工程项目总概算书的组成部分，是编制总概算书的基础文件，一般由编制说明和综合概算表两个部分组成。

3. 建设项目总概算的编制

总概算是确定整个建设项目从筹建到建成全部建设费用的文件，它由组成建设项目的各个单项工程综合概算及工程建设其他费用和预备费、固定资产投资方向调节税等汇总编制而成。

总概算的编制方法如下：

（1）按总概算组成的顺序和各项费用的性质，将各个单项工程综合概算及其他工程和费用概算汇总列入总概算表。

（2）将工程项目和费用名称及各项数值填入相应各栏内，然后按各栏分别汇总。

（3）以汇总后的总额为基础，按取费标准计算预备费用、建设期利息、固定资产投资方向调节税、铺底流动资金。

（4）计算回收金额。回收金额是指在整个基本建设过程中所获得的各种收入。如原有房屋拆除所回收的材料和旧设备等的变现收入；试车收入大于支出部分的价值等。回收金额的计算方法，应按地区主管部门的规定执行。

（5）计算总概算价值。

$$总概算价值＝第一部分费用＋第二部分费用＋预备费＋建设期利息＋$$
$$固定资产投资方向调节税＋铺底流动资金－回收金额$$

（6）计算技术经济指标。整个项目的技术经济指标应选择有代表性和能说明投资效果的指标填列。

（7）投资分析。为对基本建设投资分配、构成等情况进行分析，应在总概算表中计算出各项工程和费用投资占总投资的比例，在表的末栏计算出每项费用的投资占总投资的比例。

三、设计概算的审查

1. 设计概算审查的内容

（1）审查概算的编制依据。包括国家综合部门的文件，国务院主管部门和各省、市、自治区根据国家规定或授权制定的各种规定及办法，以及建设项目的设计文件等重点审查。

1）审查编制依据的合法性。采用的各种编制依据必须经过国家或授权机关的批准，符合国家的编制规定，未经批准的不能采用；也不能强调情况特殊，擅自提高概算定额、指标或费用标准。

2）审查编制依据的时效性。各种依据，如定额、指标、价格、取费标准等，都应根据国家有关部门的现行规定进行，注意有无调整和新的规定。有的虽然设有调整变化，但不能全部适用；有的应按有关部门作的调整系数执行。

3）审查编制依据的适用范围。各种编制依据都有规定的适用范围，如各主管部门规定的各种专业定额及其取费标准，只适用于该部门的专业工程；各地区规定的各种定额及其取费标准，只适用于该地区的范围内。特别是地区的材料预算价格区域性更强，如某市有该市区的材料预算价格，又编制了郊区内一个矿区的材料预算价格，如在该市的矿区建设时，其概算采用的材料预算价格，则应用矿区的价格，而不能采用该市的价格。

（2）审查概算的编制深度。

1）审查编制说明。审查编制说明可以检查概算的编制方法、深度和编制依据等重大原则问题。

2）审查概算编制深度。一般大中型项目的设计概算应有完整的编制说明和"三级概算"（即总概算表、单项工程综合概算表、单位工程概算表），并按有关规定的深度进行编制。审查是否有符合规定的"三级概算"，各级概算的编制、校对、审核是否按规定签署。

3）审查概算的编制范围。审查概算编制范围及具体内容是否与主管部门批准的建设项目范围及具体工程内容一致；审查分期建设项目的建筑范围及具体工程内容有无重复交叉，是否重复计算或漏算；审查其他费用所列的项目是否都符合规定，静态投资、动态投资和经营性项目铺底流动资金是否分部列出等。

（3）审查建设规模、标准。审查概算的投资规模、生产能力、设计标准、建设用地、建筑面积、主要设备、配套工程、设计定员等是否符合原批准可行性研究报告或立项批文的标准。如概算总投资超过原批准投资估算10％以上，应进一步审查超估算的原因。

（4）审查设备规格、数量和配置。工业建设项目设备投资比重大，一般占总投资的30％～50％，需要认真审查。审查所选用的设备规格、台数是否与生产规模一致，材质、自动化程度有无提高标准，所引进设备是否配套、合理，备用设备台数是否适当，消防、环保设备是否计算等。还要重点审查价格是否合理、是否符合有关规定，如国产设备应按当时询价资料或有关部门发布的出厂价、信息价，引进设备应依据询价或合同价编制概算。

（5）审查工程费。建筑安装工程投资是随工程量增加而增加的，要认真审查。要根据初步设计图纸、概算定额及工程量计算规则、专业设备材料表、建（构）筑物和总图运输一览表进行审查，有无多算、重算、漏算。

（6）审查计价指标。审查建筑工程采用工程所在地区的计价定额、费用定额、价格指数和有关人工、材料、机械台班单价是否符合现行规定；审查安装工程所采用的专业部门或地区定额是否符合工程所在地区的市场价格水平，概算指标调整系数、主材价格、人工、机械台班和辅材调整系数是否按当地最新规定执行；审查引进设备安装费率或计取标准、部分行业的专业设备安装费率是否按有关规定计算等。

（7）审查其他费用。工程建设其他费用投资约占项目总投资25％以上，必须认真逐项审查。审查费用项目是否按国家统一规定计列，具体费率或计取标准、部分行业专业设备安装费率是否按有关规定计算等。

2. 设计概算审查的方法

设计概算审查主要有以下方法：

（1）全面审查法。全面审查法是指按照全部施工图的要求，结合有关预算定额分项工程中的工程细目，逐一、全部地进行审核的方法。其具体计算方法和审核过程与编制预算的计算方法和编制过程基本相同。

全面审查法的优点是全面、细致，所审核过的工程预算质量高，差错比较少；缺点是工作量太大。全面审查法一般适用于一些工程量较小、工艺比较简单、编制工程预算力量较薄弱的设计单位所承包的工程。

（2）重点审查法。抓住工程预算中的重点进行审查的方法，称重点审查法，一般情况下，重点审查法的内容如下：

1）选择工程量大或造价较高的项目进行重点审查。

2）对补充单价进行重点审查。

3）对计取的各项费用的费用标准和计算方法进行重点审查。

重点审查工程预算的方法应灵活掌握。在重点审查中，如发现问题较多，应扩大审查范围；反之，如没有发现问题，或者发现的差错很小，应考虑适当缩小审查范围。

（3）经验审查法。经验审查法是指监理工程师根据以往的实践经验，审查容易发生差错的那些部分工程细目的方法。如土方工程中的平整场地和余土外运、土壤分类等；基础工程中的基础垫层，砌砖、砌石基础，暖沟挡土墙工程，钢筋混凝土组合柱，基础圈梁、室内暖沟盖板等，都是比较容易出错的地方，均应重点加以审查。

（4）分解对比审查法。把一个单位工程，按直接费与间接费进行分解，然后再把直接费按工种工程和分部工程进行分解，分别与审定的标准图预算进行对比分析的方法，称为分解对比审查法。

这种方法是把拟审的预算造价与同类型的定型标准施工图或复用施工图的工程预算造价相比较，如果出入不大，就可以认为本工程预算问题不大，不再审查。如果出入较大，如超过或少于已审定的标准设计施工图预算造价的1％或3％以上（根据本地区要求），再按分部分项工程进行分解，边分解边对比，哪里出入较大，就进一步审查哪一部分工程项目的预算价格。

3. 设计概算审查的步骤

设计概算审查是一项复杂而细致的技术经济工作，审查人员既应懂得有关专业技术知识，又应具有熟练编制概算的能力，一般情况下可按如下步骤进行：

（1）概算审查的准备。概算审查的准备工作包括了解设计概算的内容组成、编制依据和方法；了解建设规模、设计能力和工艺流程；熟悉设计图纸和说明书、掌握概算费用的构成和有关技术经济指标；明确概算各种表格的内涵；收集概算定额、概算指标、取费标准等有关规定的文件资料等。

（2）进行概算审查。根据审查的主要内容，分别对设计概算的编制依据、单位工程设计概算、综合概算、总概算进行逐级审查。

（3）进行技术经济对比分析。利用规定的概算定额或指标以及有关技术经济指标与设计概算进行分析对比，根据设计和概算列明的工程性质、结构类型、建设条件、费用构成、投资比例、占地面积、生产规模、设备数量、造价指标、劳动定员等与国内外同类型工程规模进行对比分析，从大的方面找出和同类型工程的差异，为审查提供线索。

（4）研究、定案、调整概算。对概算审查中出现的问题要在对比分析、找出差异的基础上深入现场进行实际调查研究。了解设计是否经济合理、概算编制依据是否符合现行规定和施工现场实际、有无扩大规模、多估投资或预留缺口等情况，并及时核实概算投资。对于当地没有同类型的项目而不能进行对比分析时，可向国内同类型企业进行调查，收集资料，作为审查的参考。经过会审决定的定案问题应及时调整概算，并经原批准单位下发文件。

4. 设计概算审查的意义

审查设计概算，有利于合理分配投资资金，加强投资计划管理。设计概算编制得偏高或偏低，都会影响投资计划的真实性，影响投资资金的合理分配。所以审查设计概算是为了准确确定工程造价，使投资更能遵循客观经济规律。

审查设计概算，可以使建设项目总投资力求做到准确、完整，防止任意扩大投资规模或出现漏项，从而减少投资缺口，缩小概算与预算之间的差距，避免故意压低概算投资，搞"钓鱼"项目，最后导致实际造价大幅度地突破概算。

审查后的概算，对建设项目投资的落实提供了可靠的依据。打足投资，不留缺口，提高建设项目的投资效益。

第四节 施工图预算的编制与审查

一、施工图预算的含义及其作用

施工图预算是在设计的施工图完成以后，以施工图为依据，根据预算定额、费用标准以及工程所在地区的人工、材料、施工机械设备台班的预算价格编制的，是确定建筑工程、安装工程预算造价的文件。

施工图预算的作用主要有：

（1）是工程实行招标、投标的重要依据；

（2）是签订建设工程施工合同的重要依据；

（3）是办理工程财务拨款、工程贷款和工程结算的依据；

（4）是施工单位进行人工和材料准备、编制施工进度计划、控制工程成本的依据；

（5）是落实或调整年度进度计划和投资计划的依据；

（6）是施工企业降低工程成本、实行经济核算的依据。

二、施工图预算的编制依据

施工图预算的编制依据有：

（1）各专业设计施工图和文字说明、工程地质勘察资料；

（2）当地和主管部门颁布的现行建筑工程和专业安装工程预算定额（基础定额）、单位估价表、地区资料、构配件预算价格（或市场价格）、间接费用定额和有关费用规定等文件；

（3）现行的有关设备原价（出厂价或市场价）及运杂费率；

（4）现行的有关其他费用定额、指标和价格；

（5）建设场地中的自然条件和施工条件，并据以确定的施工方案或施工组织设计。

三、施工图预算的编制方法

1. 工料单价法

工料单价法指分部分项工程量的单价为直接工程费单价费，直接费以人工、材料、机械的消耗量及其相应价格与措施费确定。间接费、利润、税金按照有关规定另行计算。

(1) 预算单价法。预算单价法就是指用地区统一单位估价表中的各分项工料预算单价乘以相应的各分项工程的工程量，求和后得到包括人工费、材料费和机械使用费在内的单位工程直接工程费。措施费、间接费、利润和税金可根据统一规定的费率乘以相应的计取基础求得。将上述费用汇总后得到单位工程的施工图预算。

其计算步骤如下所述：

1) 准备资料，熟悉施工图。准备的资料包括施工组织设计、预算定额、工程量计算标准、取费标准、地区材料预算价格等。

2) 计算工程量。首先要根据工程内容和定额项目，列出分项工程目录；其次根据计算顺序和计算规划列出计算式；第三，根据图纸上的设计尺寸及有关数据，代入计算式进行计算；第四，对计算结果进行整理，使之与定额中要求的计量单位保持一致，并予以核对。

3) 套工料单价。核对计算结果后，按单位工程施工图预算直接费计算公式求得单位工程人工费、材料费和机械使用费之和。同时注意以下几项内容：

①分项工程的名称、规格、计量单位必须与预算定额工料单价或单位计价表中所列内容完全一致，以防重套、漏套或错套工料单价而产生偏差；

②进行局部换算或调整时，换算指定额中已计价的主要材料品种不同而进行的换价，一般不调量；调整指施工工艺条件不同而对人工、机械的数量增减，一般调量不换价；

③若分项工程不能直接套用定额、不能换算和调整时，应编制补充单位计价表；

④定额说明允许换算与调整以外部分不得任意修改。

4) 编制工料分析表。根据各分部分项工程项目实物工程量和预算定额中项目所列的用工及材料数量，计算各分部分项工程所需的人工及材料数量，汇总后算出该单位工程所需各类人工、材料的数量。

5) 计算并汇总造价。根据规定的税、费率和相应的计取基础，分别计算措施费、间接费、利润、税金等。将上述费用累计后进行汇总，求出单位工程预算造价。

6) 复核。对项目填列、工程量计算公式、计算结果、套用的单价、采用的各项取费费率、数字计算、数据精确度等进行全面复核，以便及时发现差错，及时修改，提高预算的准确性。

7) 填写封面、编制说明。封面应写明工程编号、工程名称、工程量、预算总造价和单方造价、编制单位名称、负责人和编制日期以及审核单位的名称、负责人和审核日期等。编制说明主要应写明预算所包括的工程内容范围、依据的图纸编号、承包企业的等级和承包方式、有关部门现行的调价文件号、套用单价需要补充说明的问题及其他需说明的问题等。

现在编制施工图预算时特别要注意，所用的工程量和人工、材料量是按统一的计算方法得到的基础定额；所用的单价是地区性的（定额、价格信息、价格指数和调价方法）。由于在市场条件下价格是变动的，要特别重视定额价格的调整。

（2）实物法。实物法编制施工图预算是指按工程量计算规则和预算定额确定分部分项工程的人工、材料、机械消耗量后，按照资源的市场价格计算出各分部分项工程的工料单价，以工料单价乘以工程量汇总得直接工程费，再按照市场行情计算措施费、间接费、利润和税金等，汇总得到单位工程费用。其计算公式如下：

分部分项工程工料单价＝∑（材料预算定额用量×当时当地材料预算价格）＋
∑（人工预算定额用量×当时当地人工工资单价）＋
∑（施工机械预算定额台班用量×当时当地机械台班单价）

单位工程直接工程费＝∑（分部分项工程量×分部分项工程工料单价）

实物法编制施工图预算的步骤，其编制步骤如下：

1）准备资料，熟悉施工图纸；

实物法编制施工图预算是先算工程量、人工、材料量、机械台班（即实物量），然后再计算费用和价格的方法。这种方法适应市场经济条件下编制施工图预算的需要，在改革中应当努力实现这种方法的普遍应用。

2）计算工程量；

3）套基础定额，计算人工、材料、机械数量；

4）根据当时、当地的人工、材料、机械单价，计算并汇总人工费、材料费、机械使用费，得出单位工程直接工程费；

5）计算措施费、间接费、利润和税金，并进行汇总，得出单位工程造价（价格）；

6）复核；

7）填写封面、编写说明。

由上可知，实物法与定额单价法不同，实物法的关键在于第3）步和第4）步，尤其是第4）步，使用的单价已不是定额中的单价了，而是在由当地工程价格权威部门（主管部门或专业协会）定期发布价格信息和价格指数的基础上，自行确定的人工单价、材料单价、施工机械台班单价。这样不会使工程价格脱离实际，并为价格的调整减少许多麻烦。

2. 综合单价法

综合单价法指分部分项工程量的单价为全费用单价，既包括直接费、间接费、利润（酬金）、税金，也包括合同约定的所有工料价格变化风险等一切费用，是一种国际上通行的计价方式。综合单价法按其所包含项目工作的内容及工程计量方法的不同，又可分为以下三种表达形式。

（1）参照现行预算定额（或基础定额）对应子目所约定的工作内容、计算规则进行报价。

（2）按招标文件约定的工程量计算规则，以及按技术规范规定的每一分部分项工程所包括的工作内容进行报价。

（3）由投标者依据招标图纸、技术规范，按其计价习惯自主报价，即工程量的计算方法、投标价的确定，均由投标者根据自身情况决定。

四、施工图预算的审查

1. 施工图预算审查的内容

审查施工图预算的重点是：工程量计算是否准确；分部、分项单价套用是否正确；各项取费标准是否符合现行规定等方面。

（1）施工图预算各分部工程的工程量审核重点见表 5-2。

表 5-2　施工图预算各分部工程的工程量审核重点内容

序　号	分部工程名称	工程量审核的重点
1	土方工程	（1）平整场地、挖地槽、挖地坑、挖土方工程量的计算是否符合定额计算规定和施工图纸的标示尺寸，土壤类别是否与勘察资料一致，地槽与地坑放坡、带挡土板是否符合设计要求，有无重算和漏算。 （2）回填土工程量应注意地槽、地坑回填土的体积是否扣除了基础、垫层所占体积，地面和室内填土的厚度是否符合设计要求。 （3）运土方的审查除了注意运土距离外，还要注意运土数量是否扣除了就地回填的土方。运土距离应是最短运距，需作比较
2	打桩工程	（1）注意审查各种不同桩料，必须分别计算，施工方法必须符合设计要求或经设计院同意。 （2）桩料长度必须符合设计要求，桩料长度如果超过一般桩料长度需要接桩时，注意审查接头数是否正确。 （3）必须核算实际钢筋量（抽筋核算）
3	砖石工程	（1）墙基与墙身的划分是否符合规定。 （2）按规定，不同厚度的墙、内墙和外墙是否是分别计算的，应扣除的门窗洞口及埋入墙体的各种钢筋混凝土梁、柱等是否已经扣除。 （3）不同砂浆强度的墙和定额规定按立方米或平方米计算的墙，有无混淆、错算或漏算
4	混凝土及钢筋混凝土工程	（1）现浇构件与预制构件是否分别计算。 （2）现浇柱与梁，主梁与次梁及各种构件计算是否符合规定，有无重算或漏算。 （3）有筋和无筋构件是否按设计规定分别计算，有无混淆。 （4）钢筋混凝土的含钢量与预算定额的含钢量发生差异时，是否按规定予以增减调整。 （5）钢筋按图抽筋计算
5	木结构工程	（1）门窗是否按不同种类按框外面积或扇外面积计算。 （2）木装修的工程量是否按规定分别以延长米或平方米计算。 （3）门窗孔面积与相应扣除的墙面积中的门窗孔面积核对应一致

续表

序 号	分部工程名称	工程量审核的重点
6	地面工程	(1) 楼梯抹面是否按踏步和休息平台部分的水平投影面积计算。 (2) 细石混凝土地面找平层的设计厚度与定额厚度不同时，是否按其厚度进行换算。 (3) 台阶不包括嵌边、侧面装饰
7	屋面工程	(1) 卷材层工程量是否与屋面找平层工程量相等。 (2) 屋面保温层的工程量是否按屋面层的建筑面积乘以保温层平均厚度计算，不做保温层的挑檐部分是否按规定计算。 (3) 瓦材规格如实际使用与定额取定规格不同时，其数量换算，其他不变。 (4) 屋面找平层的工程量同卷材屋面，其嵌缝油膏已包括在定额内的，不另计算。 (5) 刚性屋面按图示尺寸水平投影面积乘以屋面坡度系数以平方米计算。不扣除房上烟囱、风帽底座、风道所占面积
8	构筑物工程	(1) 烟囱和水塔脚手架是以座编制的，凡地下部分已包括在定额内，按规定不再另行计算。审查是否符合要求，有无重算。 (2) 凡定额按钢管脚手架与竹脚手架综合编制，包括挂安全网和安全笆的费用。如实际施工不同均可换算或调整；如施工需搭设斜道则可另行计算
9	装饰工程	(1) 内墙抹灰的工程量是否按墙面的净高和净宽计算，有无重算或漏算。 (2) 抹灰厚度，如设计规定与定额取定不同时，在不增减抹灰遍数的情况下，一般按每增减 1mm 定额调整。 (3) 油漆、喷涂的操作方法和颜色不同时，均不调整。如设计要求的涂刷遍数与定额规定不同时，可按"每增加一遍"定额项目进行调整
10	金属构件制作	(1) 金属构件制作工程量多数以吨为单位。在计算时，型钢按图示尺寸求出长度，再乘以每米的重量；钢板要求出面积，再乘以每平方米的重量。审查是否符合规定。 (2) 除注明者外，定额均已包括现场（工厂）内的材料运输、下料、加工、组装及产品堆放等全部工序。 (3) 加工点至安装点的构件运输，应另按"构件运输定额"相应项目计算
11	水暖工程	(1) 室内外排水管道、暖气管道的划分是否符合规定。 (2) 各种管道的长度、口径是否按设计规定计算。 (3) 室内给水管道不应扣除阀门、接头零件所占的长度，但应扣除卫生设备（浴盆、卫生盆、冲洗水箱、淋浴器等）本身所附带的管道长度。审查是否符合要求，有无重算。 (4) 室内排水工程采用插铸铁管，不应扣除异形管及检查口所占长度。审查是否符合要求，有无漏算。 (5) 室外排水管道是否已扣除了检查井与连接井所占的长度。 (6) 暖气片的数量是否与设计一致
12	电气照明工程	(1) 灯具的种类、型号、数量是否与设计图一致。 (2) 线路的敷设方法、线材品种等，是否达到设计标准，有无重复计算预留线的工程量
13	设备及其安装工程	(1) 设备的种类、规格、数量是否与设计相符。 (2) 需要安装的设备和不需要安装的设备是否分清，有无把不需要安装的设备作为需要安装的设备计算了工程量

（2）审查定额或单价的套用。

1）预算中所列各分项工程单价是否与预算定额的预算单价相符；其名称、规格、计量单位和所包括的工程内容是否与预算定额一致。

2）有单价换算时应审查换算的分项工程是否符合定额规定及换算是否正确。

3）对补充定额和单位计价表的使用，应审查补充定额是否符合编制原则、单位计价表计算是否正确。

（3）审查其他有关费用。其他有关费用包括的内容各地不同，具体审查时应注意是否符合当地规定和定额的要求。

1）是否按本项目的工程性质计取费用、有无高套取费标准。

2）间接费的计取基础是否符合规定。

3）预算外调增的材料差价是否计取间接费；直接费或人工费增减后，有关费用是否做了相应调整。

4）有无将不需安装的设备计取在安装工程的间接费中。

5）有无巧立名目、乱摊费用的情况。

利润和税金的审查，重点应放在计取基础和费率是否符合当地有关部门的现行规定、有无多算或重算方面。

2. 施工图预算审查的步骤

（1）做好审查前的准备工作。

1）熟悉施工图纸。施工图纸是编制预算分项工程数量的重要依据，必须全面熟悉了解。一是核对所有的图纸，清点无误后，依次识读；二是参加技术交底，解决图纸中的疑难问题，直至完全掌握图纸。

2）了解预算包括的范围。根据预算编制说明，了解预算包括的工程内容。如配套设施，室外管线，道路以及会审图纸后的设计变更等。

3）弄清编制预算采用的单位工程估价表。任何单位工程估价表或预算定额都有一定的适用范围，根据工程性质，搜集并熟悉相应的单价、定额资料，特别是市场材料单价和取费标准等。

（2）选择合适的审查方法，按相应内容审查。由于工程规模、繁简程度不同，施工企业情况不同，所编工程预算的繁简程度和质量也不同，因此需针对具体情况选择相应的审查方法进行审核。

（3）综合整理审查资料，编制调整预算。经过审查，如发现有差错，需要进行增加或核减的，经与编制单位逐项核实，统一意见后，修正原施工图预算，汇总核减量。

3. 施工图预算审查的方法

（1）逐项审查法。逐项审查法又称全面审查法，即按定额顺序或施工顺序，对各分项工程中的工程细目逐项全面详细审查的一种方法。其优点是全面、细致，审查质量高、效果好。缺点是工作量大，时间较长。这种方法适合于一些工程量较小、工艺较简单的工程。

（2）标准预算审查法。标准预算审查法就是对利用标准图纸或通用图纸施工的工程，先集中力量编制标准预算，以此为准来审查工程预算的一种方法。按标准设计图纸或通用图纸施工的工程，一般上部结构和做法相同，只需根据现场施工条件或地质情况不同，对基础部分做局部改变。凡这样的工程，以标准预算为准，对局部修改部分单独审查即可，不需逐一详细审查。该方法的优点是时间短、效果好、易定案。缺点是适用范围小，仅适用于采用标准图纸的工程。

（3）分组计算审查法。分组计算审查法就是把预算中有关项目按类别划分为若干组，利用同组中的一组数据审查分项工程量的一种方法。这种方法首先将若干分部分项工程按相邻且有一定内在联系的项目进行编组，利用同组分项工程间具有相同或相近计算基数的关系，审查一个分项工程数量，由此判断同组中其他几个分项工程的准确程度。该方法的特点是审查速度快、工作量小。

（4）对比审查法。对比审查法是在工程条件相同时，用已完工程的预算或未完但已经过审查修正的工程预算对比审查拟建工程的同类工程预算的一种方法。

（5）"筛选"审查法。"筛选"审查法是能较快发现问题的一种方法。建筑工程虽面积和高度不同，但其各分部分项工程的单位建筑面积指标变化却不大。将这样的分部分项工程加以汇集、优选，找出其单位建筑面积工程量、单价、用工的基本数值，归纳为工程量、价格、用工三个单方基本指标，并注明基本指标的适用范围。这些基本指标用来筛分各分部分项工程，对不符合条件的应进行详细审查，若审查对象的预算标准与基本指标的标准不符，就应对其进行调整。该方法的优点是简单易懂，便于掌握，审查速度快，便于发现问题。但问题出现的原因尚需继续审查。该方法适用于审查住宅工程或不具备全面审查条件的工程。

（6）重点审查法。重点审查法就是抓住工程预算中的重点进行审核的方法。审查的重点一般是工程量大或者造价较高的各种工程、补充定额、计取的各项费用（计取基础、取费标准）等。重点审查法的优点是突出重点、审查时间短、效果好。

4. 施工图预算审查的作用

施工图预算的审查主要有以下作用：

（1）对降低工程造价具有现实意义。

（2）有利于节约工程建设资金。

（3）有利于发挥领导层、银行的监督作用。

（4）有利于积累和分析各项技术经济指标。

第五节 设计阶段技术经济评价与分析

工程项目的设计过程，实质上是综合解决功能、技术先进和经济效益均合理的过程。在满足适用美观要求的前提下，可以用不同的结构形式、不同的建筑材料、不同的平面组合和空间体形，设计出若干方案，从中选优。对设计方案进行技术经济分析，用科学的定量的数据，说明设计方案技术的先进性和经济的合理性，作为决策的依据。

一、设计方案的技术经济评价内容

设计方案技术经济评价的内容见表5-3。

表5-3 技术经济评价内容

序号	经济评价名称	内 容
1	工程项目方案的技术经济评价	项目规划、可行性研究、总体方案、总图设计及各阶段方案的经济指标分析
2	单体方案的技术经济评价	方案设计、初步设计、施工图设计各阶段经济指标、方案比较及其分析
3	专业工程方案的技术经济评价	工艺方案、运输方案、给水系统方案、排水系统方案、供热方案等的技术经济评价
4	主要建筑设计参数的技术经济评价	主要建筑设计参数有：建筑密度、建筑标准、建筑层数、层高、跨度与跨数、平面尺寸（柱网尺寸）、平面单元数等
5	建筑构造方案的技术经济评价	建筑结构方案、屋盖系统方案、维护结构方案、基础结构方案、内外装饰方案、室内设计方案的技术经济评价等
6	材料选用的技术经济评价	材质选择与比较、材料产地及其综合价格比较、材料运输及其费用分析等

二、设计方案的经济因素分析

通过设计方案经济因素的分析，用以研究设计参数变化对方案经济性的影响，一方面有助于正确评价设计方案，另一方面又为我们指出进一步提高设计方案经济性的方向和途径。主要内容有：

（1）建筑密度与投资关系的分析。

（2）建筑系数对造价影响的分析。

（3）建筑层高对造价影响的分析。

（4）建筑层数对造价影响的分析。

（5）柱网尺寸、平面开间尺寸对造价影响的分析。

（6）建筑标准（如面积标准、户室比、采光、通风、采暖标准）合理性的研究等。

三、工业项目设计方案技术经济指标

工业建设项目设计方案的技术经济指标，按建设阶段和使用阶段分述如下。

1. 建设阶段技术经济指标

（1）投资指标。包括总投资和单位生产能力的投资。

（2）工期指标。包括总工期和工期的变化率，即相对于定额工期（或规定工期）提前或延迟的量。

（3）主要材料的耗用量。指项目所需的主要建筑材料和各种特殊材料、稀有材料的需要量。

（4）占地面积。主要包括以下内容：

1）厂区占地面积（ha）：指厂区围墙（或规定界限）以内的用地面积。

2）建筑物和构筑物的占地面积（m²）：建筑物占地面积按上述规定计算，构筑物的建筑面积按外轮廓计算。

3）有固定装卸设备的堆场（如露天栈桥、龙门吊堆场）和露天堆场（如原料、燃料堆场）的占地面积（m²）。

4）铁路、道路、管线和绿化占地面积（m²）：铁路、道路的长度乘以宽度即为占地面积，但厂外铁路专用线用地不在此项内。

（5）建筑密度。指建筑物、构筑物、有固定装卸设备的堆场、露天仓库的占地面积之和与厂区占地面积之比。其计算公式如下：

$$建筑密度 = \frac{建筑物和构筑物占地面积 + 露天仓库、堆场占地面积}{厂区占地面积}$$

建筑密度是工厂总平面设计中比较重要的技术经济指标，它可以反映总平面设计中用地是否紧凑合理。建筑密度高，表明可节省土地和土石方工程量，又可以缩短管线长度，从而降低建厂费用和使用费。

（6）土地利用系数。指建筑物、构筑物、露天仓库、堆场、铁路、道路、管线等占地面积之和与厂区面积之比，其计算式如下：

$$土地利用系数 = \frac{A+B+C+D}{E} \times 100\%$$

式中　A——建筑物和构筑物占地面积；

B——露天仓库、堆场占地面积；

C——铁路、道路占地面积；

D——地上、地下管线占地面积；

E——厂区占地面积。

（7）实物工程量指标。主要实物工程量指标有场地平整土方工程量，铁路长度，道路及广场铺砌面积，排水、给水管线长度，围墙长度，绿化面积等。

2．使用阶段技术经济指标

（1）预期成果指标。

1）年产量。如果产品的品种规格较多，可采用换算方法，将各种产品的产量都折算成主要产品的产量，换算公式如下：

$$生产品的折合量 = \frac{全年工业总产值}{主要产品的单价}（台、t、kW）$$

2）年产值。产值是产量指标的货币表现，按不变价格计算。主要包括工业总产值和工业净产值。

工业总产值由各种产品产量乘以相应的出厂价格计算。从价值形态来看，工业总产值由三部分组成：第一，生产中消耗的原材料、燃料、动力和固定资产价值；第二，职工的工资和福利基金；第三，产品销售利润和税金、工业总产值在重复计算转移价值的缺陷。

工业净产值是企业一定时期内新创造价值的货币表现，它是从工业总产值中扣除生产中消耗的原材料、燃料、动力和固定资产折旧后剩下的部分。

3）净利润。净利润是企业的职工为社会创造的一部分剩余产品的价值的表现形式，它的计算公式如下：

$$年净利润 = 全年产品销售收入 - 全年产品生产成本 - 年税金$$

4）净收益。净收益是在年净利润的基础上，再扣除逐年均衡偿还投资本息和年定额流动资金利息后的金额，其计算公式如下：

$$年净收益 = 年净利润 - 年投资本息偿还额 - 年定额流动资金利息$$

$$年投资本息偿还额 = 投资总额 \times (R/P，i_1，n)$$

$$年定额资金利息 = 定额流动资金总额 \times i_2$$

式中 i_1——基建投资年利息率；

i_2——流动资金年利息率。

5）反映功能或适用性的指标。对于专业工程，如动力、运输、给水、排水、供热等设计方案，要用提供动力的大小、运输能力、供水能力、排水能力、供热能力来表示。

（2）劳动消耗指标。包括活劳动消耗（如职工总数、工时总额、工资总额等）、物化劳动消耗（如单位产品的各类材料消耗量、设备和厂房的折旧费、材料利用率、设备负荷率、每台设备年产量、单位生产性建筑面积年产量等），以及活劳动和物化劳动的综合消耗（如成本、劳动生产率等）。

（3）劳动占用指标。制造产品需要占用一定的厂房设备，还需要有一定数量的原材料和半产品的储备，所有这些占用都是人们对过去物化劳动的占用。属于这方面的指标有固定资金总额、流动资金总额、设备总台数、总建筑面积等。

（4）综合指标。

1）产值利润率。

$$产值利润率=\frac{年净利润}{年总产值}\times100\%$$

2）成本利润率。它可以从利润角度反映项目在生产过程中劳动消耗的多少，也可间接反映出工厂劳动创造财富的多少。

$$单位产品成本利润率=\frac{单位产品净利润}{单位产品成本}\times100\%$$

$$年成本利润率=\frac{年净利润}{年产品总成本}\times100\%$$

3）资金利润率。可较全面反映项目经营后的经济效果。

$$资金利润率=\frac{年净利润}{固定资金+年评价占用流动资金}\times100\%$$

4）投资利润率。它是从利润角度来反映投资的经济效果。

$$投资利润率=\frac{年净利润}{投资总额}\times100\%$$

5）投资回收期。表示设计方案所需的全部投资由投产后每年所获得的利润来偿还的年数。投资回收期用投资利润率的倒数来计算。

（5）其他指标。如反映方案维修难易性、可靠性、安全性、公害防治等方面情况的指标。

本 章 小 结

设计阶段的投资控制是建设项目全过程投资控制的重点之一，应努力做到使工程设计在满足工程质量和功能要求的前提下，其活劳动和物化劳动的消耗，达到相对较少的水平，最大不应超过投资估算数。为此，应在有条件的情况下积极开展设计竞赛和设计招标活动，严格执行设计标准，推广标准化设计，应用限额设计、价值工程等理论对工程建设项目设计阶段的投资进行有效的控制。

思 考 与 练 习

1. 设计标准化的作用是什么？项目实施过程中应如何推广应用？

2. 工程设计方案优化的方法及适用条件有哪些？

3. 总概算、综合概算和单位工程概算的关系是什么？

4. 编制概算有哪几种方法？各有什么区别？

5. 项目在设计阶段推广标准设计具有哪些实际意义？

6. 限额设计的基本原理是什么？其控制工作的内容有哪些？

7. 什么是价值工程？

8. 价值工程的特征是什么？其基本程序有哪些？

9. 在设计阶段如何开展价值工程活动？

10. 设计概算包括哪些类别和内容？编制的方法及各自的适用范围有哪些？

11. 设计概算审查的步骤有哪些？

12. 施工图预算的作用及其编制的内容和依据是什么？

13. 单价法和实物法之间有何异同？

14. 为什么要对施工图预算进行审查？审查的具体内容有哪些？

15. 施工图预算审查的步骤是什么？方法有哪些？

第六章　建设工程施工招标投标阶段投资控制

1. 建设工程合同价的分类。
2. 工程项目招标标底的编制内容和审查方法。
3. 工程项目投标报价的计算。

　　熟悉建设工程合同价的种类；掌握招标标底的编制内容和审查方法和工程项目投标报价的计算。

第一节　建设工程合同价的分类

　　《建筑工程施工发包与承包计价管理办法》第 12 条规定："合同价可采用以下方式：（一）固定价。合同总价或者单价在合同约定的风险范围内不可调整。（二）可调价。合同总价或者单价在合同实施期内，根据合同约定的办法调整。（三）成本加酬金。"《建筑工程施工发包与承包计价管理办法》第 13 条规定："发承包双方在确定合同价时，应当考虑市场环境和生产要素价格变化对合同价的影响。"

一、固定合同价

　　固定合同价是指合同中确定的工程合同价在实施期间不因价格变化而调整。固定合同价可分为固定合同总价和固定合同单价两种。

　　1. 固定合同总价

　　固定合同总价是指承包整个工程的合同价款总额已经确定，在工程实施中不再因物价上涨而变化。所以，固定合同总价应考虑价格风险因素，也需在合同中明确规定合同总价包括的范围。这类合同价可以使发包人对工程总开支做到大体心中有数，在施工过程中可以更有效地控制资金的使用。但对承包人来说，要承担较大的风险，如物价波动、气候条件、地质地基条件及其他意外风险等，因此合同价款一般会高些。

　　2. 固定合同单价

　　固定合同单价是指合同中确定的各项单价在工程实施期间不因价格变化而调整，而在每月（或每阶段）工程结算时，根据实际完成的工程量结算，在工程全部完成时以竣工图的工程量最终结算工程总价款。

二、可调合同价

1. 可调总价

可调总价一般是以设计图纸及规定、规范为基础，在报价及签约时，按招标文件中的要求和当时的物价计算合同总价。合同中确定的工程合同总价在实施期间可随价格变化而调整。发包人和承包人在商订合同时，以招标文件的要求及当时的物价计算出合同总价。如果在执行合同期间，由于通货膨胀引起成本增加达到某一限度时，合同总价则作相应调整。可调合同价使发包人承担了通货膨胀的风险，承包人则承担其他风险。一般适合于工期较长（如1年以上）的项目。

2. 可调单价

合同单价可调，一般是在工程招标文件中规定。在合同中签订的单价，根据合同约定的条款，如在工程实施过程中物价发生变化等，可作调整。有的工程在招标或签约时，因某些不确定性因素而在合同中暂定某些分部分项工程的单价，在工程结算时，再根据实际情况和合同约定对合同单价进行调整，确定实际结算单价。

关于可调价格的调整方法，常用的有以下几种：

（1）主料按抽料法计算价差，其他材料按系数计算价差。主要材料按施工图预算计算的用量和竣工当月当地工程造价管理机构公布的材料结算价或信息价与基价对比计算差价。其他材料按当地工程造价管理机构公布的竣工调价系数计算方法计算差价。

（2）按主材计算价差。发包人在招标文件中列出需要调整价差的主要材料表及其基期价格（一般采用当时当地工程造价管理机构公布的信息价或结算价），工程竣工结算时按竣工当时当地工程造价管理机构公布的材料信息价或结算价，与招标文件中列出的基期价比较计算材料差价。

（3）按工程造价管理机构公布的竣工调价系数及调价计算方法计算差价。

（4）调值公式法。调值公式一般包括固定部分、材料部分和人工部分三项。当工程规模和复杂性增大时，公式也会变得复杂。调值公式一般如下：

$$P = P_0 \left(a_0 + a_1 \frac{A}{A_0} + a_2 \frac{B}{B_0} + a_3 \frac{C}{C_0} + \cdots \right)$$

式中　　　P——调值后的工程价格；

P_0——合同价款中工程预算进度款；

a_0——固定要素的费用在合同总价中所占比重，这部分费用在合同支付中不能调整；

a_1、a_2、$a_3 \cdots$——代表各项变动要素的费用（如人工费、钢材费用、水泥费用、运输费用等）在合同总价中所占比重，$a_0 + a_1 + a_2 + a_3 + \cdots = 1$；

A_0、B_0、$C_0 \cdots$——签订合同时与 a_1、a_2、$a_3 \cdots$ 对应的各种费用的基期价格指数或价格；

A、B、$C\cdots$——在工程结算月份与 a_1、a_2、$a_3\cdots$ 对应的各种费用的现行价格指数或价格。

各部分费用在合同总价中所占比重在许多标书中要求承包人在投标时即提出，并在价格分析中予以论证。也有的由发包人在招标文件中规定一个允许范围，由投标人在此范围内选定。

（5）实际价格结算法。有些地区规定对钢材、木材、水泥等三大材料的价格按实际价格结算的方法，工程承包人可凭发票按实报销。此法操作方便，但也容易导致承包人忽视降低成本。为避免副作用，地方建设主管部门要定期公布最高结算限价，同时合同文件中应规定发包人有权要求承包人选择更廉价的供应来源。

以上几种方法究竟采用哪一种，应按工程价格管理机构的规定，经双方协商后在合同的专用条款中约定。

三、成本加酬金合同价

这类合同价是指由业主向承包人支付工程项目的实际成本，并按事先约定的某一种方式支付一定的酬金。在这类合同中，业主需承担项目实际发生的一切费用，因此也就承揽了项目的全部风险。而承包人由于无风险，其报酬往往也较低。这类合同的缺点是业主对工程总造价不易控制，承包人也往往不注意降低项目成本。这类合同主要适用于以下项目：需要立即开展工作的项目，如地震后的救灾工作；新型的工程项目或工程内容及技术指标；未确定的项目；风险很大的项目等。

合同中确定的工程合同价，其工程成本部分按现行计价计算，酬金部分则按工程成本乘以通过竞争确定的费率计算，将两者相加，确定出合同价。一般分为以下几种形式。

1. 成本加固定百分比酬金确定的合同价

这种合同价是发包人对承包人支付的人工、材料和施工机械使用费、措施费、施工管理费等按实际直接成本全部据实补偿，同时按照实际直接成本的固定百分比付给承包人一笔酬金，作为承包方的利润，其计算公式如下：

$$C = C_a(1 + P)$$

式中　C——总造价；

　　C_a——实际发生的工程成本；

　　P——固定的百分数。

从算式中可以看出，总造价 C 将随工程成本 C_a 而水涨船高，显然不能鼓励承包商关心缩短工期和降低成本，因而对建设单位是不利的。现在这种承包方式已很少被采用。

2. 成本加固定酬金确定的合同价

工程成本实报实销，但酬金是事先商定的一个固定数目，计算公式为：

$$C = C_a + F$$

式中 F 代表酬金，通常按估算的工程成本的一定百分比确定，数额是固定不变的。这种承包方式虽然不能鼓励承包商关心降低成本。但从尽快取得酬金出发，承包商将会关心缩短工期，这是其可取之处。为了鼓励承包单位更好地工作，也有在固定酬金之外，再根据工程质量、工期和降低成本情况另加奖金的。在这种情况下，奖金所占比例的上限可大于固定酬金，以充分发挥奖励的积极作用。

3. 目标成本加奖罚确定的合同价

在仅有初步设计和工程说明书即迫切要求开工的情况下，可根据粗略估算的工程量和适当的单价表编制概算，作为目标成本；随着详细设计逐步具体化，工程量和目标成本可加以调整，另外规定一个百分数作为酬金。最后结算时，如果实际成本高于目标成本并超过事先商定的界限（例如5%），则减少酬金，如果实际成本低于目标成本（也有一个幅度界限），则增加酬金。用公式表示如下：

$$C = C_a + P_1 C_0 + P_2 (C_0 - C_a)$$

式中　C_0——目标成本；

　　　P_1——基本酬金百分数；

　　　P_2——奖罚百分数。

此外，还可另加工期奖罚。

这种承包方式可以促使承包商关心降低成本和缩短工期，而且目标成本是随设计的进展而加以调整才确定下来的，故建设单位和承包商双方都不会承担多大风险，这是其可取之处。当然也要求承包商和建设单位的代表都应具有比较丰富的经验并掌握充分的信息。

4. 成本加浮动酬金确定的合同价

这种承包方式要经过双方事先商定工程成本和酬金的预期水平。如果实际成本恰好等于预期水平，工程造价就是成本加固定酬金；如果实际成本低于预期水平，则增加酬金；如果实际成本高于预期水平，则减少酬金。这三种情况可用如下公式表示：

$$C_a = C_0，则 C = C_a + F$$
$$C_a < C_0，则 C = C_a + F + \Delta F$$
$$C_a > C_0，则 C = C_a + F - \Delta F$$

式中　C_0——预期成本；

　　　ΔF——酬金增减部分，可以是一个百分数，也可以是一个固定的绝对数。

采用这种承包方式，通常规定，当实际成本超支而减少酬金时，以原定的固定酬金数额为减少的最高限度。也就是在最坏的情况下，承包人将得不到任何酬金，但不必承担赔偿超支的责任。

从理论上讲，这种承包方式既对承发包双方都没有太多的风险，又能促使承包商关心降低成本和缩短工期。但在实践中准确地估算预期成本比较困难，预期成本在达到70%以上的精度才较为理想。所以要求承发包双方具有丰富的经验并掌握充分的信息。

四、影响合同计价方式选择的因素

在工程实践中，采用哪一种合同计价方式，是选用总价合同、单价合同还是成本加酬金合同，是采用固定价还是可调价方式，应根据建设工程的特点，业主对筹建工作的设想，对工程费用、工期和质量的要求等，综合考虑后再进行确定。

1. 项目的复杂程度

规模大且技术复杂的工程项目，承包风险较大，各项费用不易估算准确，不宜采用固定总价合同；可以将有把握的部分采用固定总价合同，估算不准的部分采用单价合同或成本加酬金合同。有时，在同一工程中采用不同的合同形式，是业主和承包商合理分担工程实施中不确定风险因素的有效办法。

2. 工程设计工作的深度

工程招标时所依据的设计文件的深度，即工程范围内的明确程度和预计完成工程量的准确程度，经常是选择合同计价方式时应考虑的重要因素。因为招标图纸和工程量清单的详细程度是否能让投标人合理报价，取决于已完成的设计工作的深度。

3. 工程施工的难易程度

如果施工中有较大部分采用新技术和新工艺，当发包方和承包方在这方面过去都没有经验，且在国家颁布的标准、规范、定额中又没有可作为依据的标准时，为了避免投标人盲目地提高承包价格或由于对施工难度估计不足而导致承包亏损，不宜采用固定总价合同，较为保险的做法是选用成本加酬金合同。

4. 工程进度要求的紧迫程度

在招标过程中，对一些紧急工程，如灾后恢复工程、要求尽快开工且工期较短的工程等，可能仅有实施方案，还没有施工图纸，因此不可能让承包商报出合理的价格。此时，采用成本加酬金合同比较合理，可以以邀请招标的方式选择有信誉、有能力的承包商及早开工。

第二节　工程项目招标标底的编制与审查

工程项目招标标底文件（Base price），是对一系列反映招标人对招标工程交易预期控制要求的文字说明、数据、指标、图表的统称，是有关标底的定性要求和定量要求的各种书面表达形式。其核心内容是一系列数据指标。由于工程交易最终主要是用价格或酬金来体现的，所以在实践中，工程项目招标标底文件，主要是指有关标底价格的文件。

我国现行法规没有对招标的工程项目是否需编制标底进行统一的规定。有的地方则要求招标工程必须编制标底，且须经建设行政主管部门或其授权单位审查批准。标底通常是由业主委托监理工程师或咨询工程师进行编制，也可由设计单位代编。编制的时间一般在发布招标公告或发出邀请函之后进行，它是在工程师概算的基础上进一步制定出来的。主要是考虑由于编制招标文件及标底的时间，在正常情况下一般要比编制工程师概算的时间晚（例如1个月左右）。所以，制定标底时，应当考虑此期间的一些情况的变化，如新技术、新方法、新设备的采用与推行，设计方案的某些变化，市场情况的变化等；同时，在进一步对工程师概算详细核查的基础上，对其中存在的某些疏漏如工程量表中的漏项、失误之处加以适当的补充、修改或删除，从而得出更为合理和更符合实际的标底。

一、标底编制原则

标底编制应遵照以下原则：

（1）根据国家规定的统一工程项目划分、统一计量单位、统一计算规则以及施工图纸、招标文件，并参照国家编制的基础定额和国家、行业、地方规定的技术标准、规范，以及生产要素市场的价格，确定工程量和计算标底价格。

（2）标底的计价内容、计算依据应与招标文件的规定完全一致。

（3）标底价格应尽量与市场的实际变化相吻合。标底价格作为建设单位的预期控制价格，应反映和体现市场的实际变化，尽量与市场的实际变化相吻合，要有利于开展竞争和保证工程质量，让承包商有利可图。标底中的市场价格可参考有关建设工程价格信息服务机构向社会发布的价格行情。在标底编制实践中，为把握这一原则，需注意以下几点：

1）要根据设计图纸及有关资料、招标文件，参照政府或政府有关部门规定的技术、经济标准、定额及规范，确定工程量和编制标底。如使用新材料、新技术、新工艺的分项工程，没有定额和价格规定的，可参照相应定额或由招标人提供统一的暂定价或参考价，也可以由甲乙双方按市场价格行情确定的价格计算。

2）标底价格应由成本、利润、税金等组成，一般应控制在批准的总概算或修正、调整概算及投资包干的限额内。

3）标底价格应考虑人工、材料、设备、机械台班等价格变动因素，还应包括不可预见费（特殊情况）、预算包干费、赶工措施费、施工技术措施费、现场因素费用、保险以及采用固定价格的工程的风险金等，工程要求优良的还应增加相应的优质、优价的费用。在主要材料和设备的计划价格与市场价格相差较大的情况下，材料价格应按确定的供应方式分别计算，并明确价差的处理办法。招标工程的工期，应按国家和地方制定的工期定额和计划投资安排的工期合理确定，如招标人要求缩短工期，可适当计取加快进度措施费。标底中的工期计算，应执行国家工期定额。如给定工期比国家工期定额缩短达一定比例（如20%或20%以上）的，在标底中应计算赶工措施费。

（4）招标人不得因投资原因故意压低标底价格。

（5）一个工程只能编制一个标底，并在开标前保密。

（6）编审分离和回避。承接标底编制业务的单位及其标底编制人员，不得参与标底审定工作；负责审定标底的单位及其人员，也不得参与标底编制业务；受委托编制标底的单位，不得同时承接投标人的投标文件编制业务。

二、标底编制依据

工程项目招标标底受多方面因素影响，如项目划分、设计标准、材料价差、施工方案、定额、取费标准、工程量计算准确程度等。

综合考虑可能影响标底的各种因素，编制标底时应遵循的依据主要有以下几点。

(1) 工程基础定额和国家、行业、地方规定的技术标准规范。

(2) 国家公布的统一工程项目划分、统一计量单位、统一计算规则。

(3) 招标文件，包括招标交底纪要。

(4) 招标人提供的由有相应资质的单位设计的施工图及相关说明。

(5) 经政府批准的取费标准和其他特殊要求。

(6) 要素市场价格和地区预算材料价格。

(7) 有关技术资料。

在上述各种标底编制的依据中，在实践中要求遵循的程度并不都是一样的。有的不允许有出入，如对招标文件、设计图纸及有关资料等，各地一般都规定编制标底时必须作为依据。深圳市还规定，标底和投标报价应按照招标书提供的工程实物量清单以综合单价形式编制。有的则允许有出入，如对技术、经济标准定额和规范等，各地一般规定编制标底时应作为参照。

三、标底价格类型

标底可按价格的类型区分，应根据招标图纸的深度、工程复杂程度、招标文件对投标报价的要求等进行选择。

(1) 施工图预算标底。如果招标图是施工图，标底应按施工图以及施工图预算为基础进行编制。

(2) 工程概算标底。如果招标图是技术设计或扩大初步设计，标底应以概算为基础或以扩大综合定额为基础来编制。

(3) 扩大综合定额。如果招标时只有方案图或初步设计，标底可用平方米造价指标或单元指标进行编制。

(4) 招标文件规定采用定额计价的，招标标底价根据拟建工程所在地的建设工程单位估价表或定额、工程项目计算类别、取费标准、人工、材料、机械台班的预算价格、政府的市场指导价等进行编制。

(5) 招标文件规定采用综合单价的（即单价中包括了所有费用），标底应采用综合单价计算。

(6) 国内项目，如果招标文件没有对工程量计算规则作出具体规定或部分未作具体规定的，可根据建设行政主管部门规定的工程量计算规则进行计算。定额中没有包含的项目，可根据建设工程造价管理部门定期颁布的市场指导价进行计算。

(7) 国际工程编制标底，一般是根据 FIDIC 合同条件，在招标截止日期前的规定时间内，由咨询工程师根据施工图纸及工程量清单，按照当地、当时的市场单价或综合单价，编制概算。该概算包含了整个工程项目的各个施工阶段或进行分项招标的标底价格，即包括了土建、安装、电梯、幕墙、弱电等专业分包或独立分包工程的标底价格。直接费按当时的市场单价计算；间接费按其费用的性质分为两种：第一，重复发生的费用，在考虑价格上涨因素的基础上，按小时或按月计算；第二，一次发生的费用，一般按设计建安工程费比例计算。物质方面的预备费在合同价的 10％的范围内计算；价格方面的预备费则按年度和预计的价格上涨指数计算。利润一般按合同价的 5％～15％计算，税费的计算则根据规定，按发包人可享受的优惠税率进行计算。国外按市场价格和工程量清单编制标底的做法是我国造价改革的目标。

四、标底文件组成

一般来说，工程项目施工招标标底文件由标底报审表和标底正文两部分组成。

1. 标底报审表

标底报审表是招标文件和标底正文内容的综合摘要，通常包括以下主要内容：

（1）招标工程综合说明。包括招标工程的名称、报建建筑面积、结构类型、建筑物层数、设计概算或修正概算总金额、施工质量要求、定额工期、计划工期、计划开工竣工时间等，必要时要附上招标工程（单项工程、单位工程等）一览表。

（2）标底价格。包括招标工程的总造价、单方造价，钢材、木材、水泥等主要材料的总用量及其单方用量。

（3）招标工程总造价中各项费用的说明。包括对包干系数、不可预见费用、工程特殊技术措施费等的说明，以及对增加或减少的项目的审定意见和说明。

采用工料单价和综合单价的标底报审表，在内容（栏目设置）上不尽相同，其样式分别见表 6-1、表 6-2。

2. 标底正文

标底正文是详细反映招标人对工程价格、工期等的预期控制数据和具体要求的部分。一般包括以下内容：

（1）总则。主要是要说明标底编制单位的名称、持有的标底编制资质等级证书，标底编制的人员及其执业资格证书，标底具备的条件，编制标底的原则和方法，标底的审定机构，对标底的封存、保密要求等内容。

（2）标底诸要求及其编制说明。主要说明招标人在方案、质量、期限、价金、方法、措施等诸方面的综合性预期控制指标或要求，并要阐释其依据、包括和不包括的内容、各有关费用的计算方法等。

在标底诸要求中，要注意明确各单项工程、单位工程、室外工程的名称、建筑面积、方案要点、质量、工期、单方造价（或技术经济指标）以及总造价，明确钢材、木材、水泥等的总用量及单方用量，甲方供应的设备、构件与特殊材料的用量，明确分部直接费、分项直接费、其他直接费、工资及主材的调价、企业经营费、利税取费等。

在标底编制说明中，要特别注意对标底价格的计算说明。

（3）施工方案及现场条件。主要说明施工方法给定条件、工程建设地点现场条件、临时设施布置及临时用地表等。

对临时设施布置，招标人应提交一份施工现场临时设施布置图表并附文字说明，说明临时设施、加工车间、现场办公、设备及仓储、供电、供水、卫生、生活等设施的情况和布置。

对临时用地，招标人要列表注明全部临时设施用地的面积、详细用途和需用的时间表，见表 6-3。

表 6-1　标底报审表
（采用工料单价）

建设单位		工程名称		报建建筑面积/m²		层数		结构类型	
标底价格编制单位		编制人员		报审时间	年 月 日		工程类别		

	建筑面积/m²					建筑面积/m²			
报送标底价格	项目	单方价/（元·m²）		合价/元	审定标底价格	项目	单方价/（元·m²）		合价/元
	直接费合计					直接费合计			
	间接费					间接费			
	利润					利润			
	其他费					其他费			
	税金					税金			
	标底价格总价					标底价格总价			
	主要材料总量	钢材/t	木材/m³	水泥/t		主要材料总量	钢材/t	木材/m³	水泥/t

审定意见	审定说明

增加项目	减少项目
小计____元	小计____元
合计_____元	

审定人		复核人		审定单位盖章		审定时间	年 月 日

表6-2 标底报审表
（采用综合单价）

建设单位		工程名称			报建建筑面积/m²		层数		结构类型	
标底价格编制单位		编制人员			报审时间		年 月 日		工程类别	
报送标底价格	建筑面积/m²				审定标底价格	建筑面积/m²				
	项 目	单方价/（元·m²）	合价/元			项 目	单方价/（元·m²）	合价/元		
	报送标底价格					审定标底价格				
	主要材料	单方用量	总用量			主要材料	单方用量	总用量		
	钢材/t					钢材/t				
	木材/m³					木材/m³				
	水泥/t					水泥/t				
审 定 意 见					审 定 说 明					
增加项目 小计＿＿＿元		减少项目 小计＿＿＿元								
合计＿＿＿＿元										
审定人		复核人		审定单位盖章			审定时间		年 月 日	

表6-3 临时用地表

用 途	面积/m²	布 置	需用时间（自＿＿＿＿至＿＿＿＿止）
合 计			

五、标底编制程序和内容

1. 编制标底的条件

（1）招标文件的商务条款和相关的其他条款。

（2）工程施工图纸、编制工程量清单的基础资料、编制标底所依据的施工方案、工程建设地点的现场地质、水文以及地上情况的有关资料。

（3）编制标底价格前的施工图纸设计交底。

（4）基础定额、地方定额和有关技术标准规范。

（5）人工、材料、设备、机械台班等要素价格，以及市场间接费、利润、价格一般水平。

2. 标底编制的程序和方法

（1）以施工图预算为基础的标底。这是当前我国建筑工程施工招标较多采用的标底编制方法。其特点是根据施工详图和技术说明，按工程预算定额规定的分部分项工程子目，逐项计算工程量，套用定额单价（或单位估价表）确定直接费，再按规定的取费标准确定临时设施费、环境保护费、文明施工费、安全施工费、夜间施工增加费等费用以及利润，还要加上材料调价系数和适当的不可预见费，汇总后即为工程预算，也就是标底的基础。如果拆除旧建筑物，场地"三通一平"以及某些特殊器材采购也在招标范围之内，则应在工程预算之外再增加相应的费用，才构成完整的标底。这种标底的编制程序和主要工作内容见表 6-4。

表 6-4　标底的编制程序和主要工作内容

序　号	工作步骤	主要工作内容
1	准备工作	研究施工图纸及说明；勘察施工现场；拟定施工方案和土方平衡方案；了解建设单位提供的器材落实情况；进行市场调查等
2	计算工程量	按图纸和工程量计算规则，计算分部分项工程量，编制工程量清单
3	确定单价	针对分部分项工程选定适用的定额单价，编制必要的补充单价
4	计算直接费	分部分项工程直接费、措施费（工程用水电费、二次搬运费、大型机械进出场费、高层建筑超高费等）
5	计算间接费	以直接费为基数，按规定费率计算
6	计算主要材料数量和差价	钢材、水泥、木材、玻璃、沥青等材料用量及统配价与议价或市场价之差额
7	确定不可预见费	
8	计算利润	按规定利润率计算
9	确定标底	汇总以上各项，并经主管部门审核批准

（2）以工程概算为基础的标底。其编制程序和以施工图预算为基础的标底大体相同，所不同的是采用工程概算定额，分部分项工程子目作了适当的归并与综合，使计算工作有所简化。采用这种方法编制的标底，通常适用于扩大初步设计或技术设计阶段，即进行招标的工程。在施工图阶段招标，也可按施工图计算工程量，按概算定额和单价计算直接费。既可提高其计算结果的准确性，又能减少计算工作量，节省时间和人力。

（3）以扩大综合定额为基础的标底。它是由工程概算为基础的标底发展而来的，其特点是在工程概算定额的基础上，将措施费、间接费以及法定利润都纳入扩大的分部分项单价内，可使编制工作进一步简化。

（4）以平方米造价包干为基础的标底。此种方法主要适用于采用标准图大量建造的住宅工程。一般做法是由地方主管部门对不同结构体系的住宅造价进行测算分析，制定每平方米造价的包干标准，在具体工程招标时，再根据装修、设备情况进行适当调整，确定标底单价。考虑到基础工程因地基条件不同而有很大差别，平方米造价多以工程的正负零以上为对象，基础和地下室工程仍以施工图预算为基础编制标底，二者之和才构成完整的标底。

3. 标底编制方法的具体应用

（1）在工程招标标底编制实践中，对工程造价计价可以实行"控制量、指导价、竞争费"的办法，其具体做法如下所述。

1）根据施工图预算计算工程量。

2）人工和机械费按定额计算。

3）材料价格采用市场指导价。采用市场指导价和现行定额编制标底，材差费用很大，约占定额直接费的30%。由甲方定价供应的材料不宜多，主要是钢材、木材、水泥，也可以包括混凝土空心板、钢门窗、玻璃等材料。其单价、品类在各招标文件中明确，约占材差总额50%以下，最高不宜超过70%；其余材料如砖、石、石子、砂、白灰、油漆、化工、五金及装饰材料等，由投标人按市场调节价自行定价或采购，不找差价；有些特殊材料，也可采取甲方看货乙方采购的办法。乙方自采材料材差约占50%，最低不宜低于30%。甲方定价供应材料和乙方自采材料大于所采用定额中材料预算价格的差价，可以作为含税价差（不计其他任何费用）计入标价。

（2）编制高级装饰工程招标标底，可以采用"定额量、市场价、竞争费率"一次包定的方式，不执行季度竣工调价系数。其具体做法如下所述。

1）按设计图纸概算定额确定主材量、人工工日。

2）材料价格、工资单价均按市场价格计算，黏结层及辅料部分价格自行调整。

3）机械费按定额的机械费及历次调整机械费乘以1.2系数计算。

4）其他费用可根据自身优势浮动。

5）实行土建工程总包时，建设单位要求将其中的装饰工程分离出来发包给装饰施工公司的，应按分包总造价2%～5%的比例给总包单位，增加计取现场施工管理费用，列入总包工程造价，并相应计取税金和政府规定的有关基金。

（3）编制外商投资工程标底，可以采用以下方法。

1）根据施工图或扩充设计（招标图）计算工程量，是按概算定额的项目划分和工程量计算规则（以轴线、层高为主的虚方量）计算；补充项目也应与概算定额的口径相一致；钢筋用量必须按图"抽筋"后调整定额用量。

2）经过市场询价，确定人工、材料及设备的市场单价。

3）人工、材料费用等以市场价格计算，机械费用规定系数调整，其他材料（次材）用一个综合系数来调整一个单位工程的全部次要材料费。工程单价采用定额单价先算出直接费，然后调整工、料、机差价的办法编制。其具体步骤如下：第一，套用定额单价，对局部材料需要换算者加以必要的换算；定额缺项者编制补充单价（此补充单价可以一次包定不再调整；也可以作为"暂估价"处理），并计算出单位工程直接费。第二，计算人工、主材、机械费的消耗量。第三，根据上述工、料、机消耗量，调整市场价与定额价的差价，其中包括次要材料要算出一笔总的费用，然后根据施工工期参照季度调价趋势结合市场价格，综合确定一个次要材料的调价系数，与主材等一并调差。第四，计算措施费，在定额取费的基础上按市场价格进行调整。第五，计算工程直接费，即定额直接费加工、料、机的调价，再加措施费。这是取费基数。

4）计算各项取费，包括间接费、计划利润及税金等。

5）其他包干费如技术措施费、分包工程施工交叉作业费（即总包管理费）及风险系数等，应根据有关规定及工程的现场情况及工期等合理确定。

6）标底总价的确定。上述各项之和即为标底总价。标底总价一般可以人民币计价，也可用美元等外币计价。

六、标底的审定

建设工程招标标底的审定是一个颇有争议的问题。有些人认为，标底既为招标人设定，则无需再送他人审定，但实际上，各地一般都规定标底要报经有关部门审定。

1. 标底审定的含义

建设工程招标标底的审定，是指政府有关主管部门对招标人已编制完成的标底进行的审查认定。招标人编制完成标底后，应按有关规定将标底报送有关主管部门审定。标底审定是一项政府职能，是政府对招标投标活动进行监管的重要体现。能以自己名义行使标底审定职能的组织，即是标底的审定主体。

2. 标底审定的程序

建设工程招标标底的审定，一般按以下要求进行。

（1）标底送审。

1）送审时间。关于标底送审时间，在实践中有两种做法：一种是在开始正式招标前，招标人应当将编制完成的标底和招标文件等一起报送招标投标管理机构审查认定，经招标投标管理机构审查认定后方可组织招标；另一种是在投标截止日期后、开标之前，招标人应将标底报送招标投标管理机构审查认定，未经审定的标底一律无效。

2）送审时应提交的文件材料。招标人申报标底时应提交的有关文件资料，主要包括工程施工图纸、施工方案或施工组织设计、填有单价与合价的工程量清单、标底价格计算书、标底价格汇总表、标底价格审定书（报审表）、采用固定价格的工程的风险系数测算明细，以及现场因素，各种施工措施测算明细、材料设备清单等。

（2）进行标底审定交底。招标投标管理机构在收到招标标底后应及时进行审查认定工作。一般来说，对结构不太复杂的中小型工程招标标底应在 7 天以内审定完毕，对结构复杂的大型工程招标标底应在 14 天以内审定完毕，并在上述时限内进行必要的标底审定交底。当然，在实际工作中，各种招标工程的情况是十分复杂的，在标底审定的实践中，应根据工程规模大小和难易程度，确定合理的标底审定时限。一般的做法是划定几个时限档次，如 3～5 天，5～7 天，7～10 天，10～15 天，20～25 天等，最长不宜超过一个月（30 天）。

（3）对经审定的标底进行封存。标底自编制之日起至公布之日止应严格保密。标底编制单位、审定机构必须严格按规定密封、保存，开标前不得泄露。经审定的标底即为工程招标的最终标底。未经招标投标管理机构同意，任何单位和个人无权变更标底。开标后，对标底有异议的，可以书面提出异议，由招标投标管理机构复审，并以复审的标底为准。标底允许调整的范围，一般只限于重大设计变更（指结构、规模、标准的变更）、地基处理（指基础垫层以下需要处理的部分），这时均按实际发生进行结算。

3．标底审定的原则和内容

标底的审定原则和标底的编制原则是一致的，标底的编制原则也就是标底的审定原则。这里需要特别强调的是编审分离原则。实践中，编制标底和审定标底必须严格分开，不准以编代审、编审合一。

审定标底是政府主管部门一项重要的行政职能。招标投标管理机构审定标底时，主要审查以下内容。

（1）工程范围是否符合招标文件规定的发包承包范围。

（2）工程量计算是否符合计算规则，有无错算、漏算和重复计算。

（3）使用定额、选用单价是否准确，有无错选、错算和换算的错误。

（4）各项费用、费率的使用及计算基础是否准确，有无使用错误，多算、漏算和计算错误。

（5）标底总价计算程序是否准确，有无计算错误。

（6）标底总价是否突破了概算或批准的投资计划数。

（7）主要设备、材料和特种材料数量是否准确，有无多算或少算。

关于标底价格的审定，在采用不同的计价方法时，审定的内容也有所不同。

（1）对采用工料单价的标底价格的审定内容，主要包括以下内容：

1）标底价格计价内容。发包承包范围、招标文件规定的计价方法及招标文件的其他有关条款。

2）预算内容。工程量清单单价、"生项"补充定额单价、直接费、措施费、有关文件规定的调价、间接费、取费标准、利润、设备费、税金以及主要材料、设备数量等。

3）预算外费用。材料、设备的市场供应价格、措施费（赶工措施费、施工技术措施费）、现场因素费用、不可预见费（特殊情况）、材料设备差价、对于采用固定价格的工程测算的在施工周期人工、材料、设备、机械台班价格波动的风险系数等。

（2）对采用综合单价的标底价格的审定内容，主要包括以下内容。

1）标底价格计价内容。发包承包范围、招标文件规定的计价方法及招标文件的其他有关条款。

2）工程量清单单价组成分析。人工、材料、机械台班计取的价格、直接费、措施费、有关文件规定的调价、间接费、取费标准、利润、税金、采用固定价格的工程测算的在施工周期人工、材料、设备、机械台班价格波动风险系数、不可预见费（特殊情况）以及主要材料数量等。

第三节　工程项目投标报价

投标报价是指承包商根据招标文件中规定的各种要求，计算、确定和报送招标工程投标总价格的活动。业主把承包商的报价作为主要标准来选择中标者，同时也是业主和承包商就工程标价进行承包合同谈判的基础，直接关系到承包商投标的成败。报价是进行工程投标的核心。报价过高会失去承包机会，而报价过低虽然得了标，但会给工程带来亏本的风险。因此，报价过高或过低都不可取，如何做出合适的投标报价，是投标者能否中标的最关键的问题。

一、投标报价计算的原则

投标报价是承包工程的一个决定性环节，投标价格的计算是工程投标的重要工作，是投标文件的主要内容，招标人把投标人的投标报价作为主要标准来选择中标者，中标价也是招标人和投标人就工程进行承包合同谈判的基础。因此，要做出合理的报价，必须做到以下几点：

（1）以招标文件中设定的发承包双方的责任划分，作为考虑投标报价费用项目和费用计算的基础；根据工程发承包模式考虑投标报价的费用内容和计算深度。

（2）以施工方案、技术措施等作为投标报价计算的基本条件。

（3）以反映企业技术和管理水平的企业定额作为计算人工、材料和机械台班消耗量的基本依据。

（4）充分利用现场考察、调研成果、市场价格信息和行情资料，编制基价，确定调价方法。

（5）报价计算方法要科学严谨，简明适用。

二、投标报价工作的主要内容

明确了报价范围和报价的内容要求，应进一步进行下列工作，为报价奠定坚实的基础。

（1）熟悉施工方案。了解本单位在投标项目上的工期和进度安排，准备采用的施工方法和主要机械设备，以及现场临时设施等。

（2）核算工程量。通常可对招标文件中的工程量清单进行重点抽查。抽查的方法，可选工程数量多、对总造价影响大的项目，按设计图纸和工程量计算规则计算，将计算结果与工程量清单所列数值核对。

（3）选用工、料、机械消耗定额。国内工程投标报价，原规定以造价管理部门统一制定的概预算定额为依据。工程数量核算基本无误之后，即可根据分部分项工程的内容选用相应的工、料、机械消耗定额，作为确定直接费的依据。但是，在社会主义市场经济体制下，从理论上讲，建筑业企业投标可以自主报价，不一定受统一定额的制约，才有利于技术进步和促进竞争。随着改革的深入和现代企业制度的建立，某些历史悠久的建筑业大型企业，利用自己的信息资源和人力资源优势，编制反映自身技术和经营管理水平的消耗定额（企业内部定额），作为提高竞争能力的重要手段之一，在投标报价中取代统一定额，是难以避免的发展趋势。

（4）确定分部分项工程单价。应按统一的计算方法计算工程量，按统一的定额确定工、料、机械消耗水平；造价管理部门根据市场变化情况发布价格信息，作为确定工、料、机械单价的依据；造价管理部门发布的费率则作为投标单位报价的参考，具体的费率水平可由投标单位根据自身的情况自主确定，以提高竞争力。这就向国际通行的按统一方法计算工程量，投标单位自主确定消耗定额、单价和费率的报价方法接近了一步。

（5）确定措施费、间接费率和利润率。通常前两项以直接工程费或人工费为基础；利润率则以直接费与间接费之和为基础，分别确定一个适当的百分数。根据企业自身的技术和经营管理水平，并考虑投标竞争的形势，可以有适当的伸缩余地。

完成这些基础工作之后，经过报价决策分析，做出报价决策，即可编制报价单。为了满足报价决策的要求，熟练的报价人员还可运用某些报价技巧。

三、投标报价单价分析

单价是决定投标价格的重要因素，关系到投标的成败。在投标前对每个单项工程进行价格分析很有必要。

一个工程可以分为若干个单项工程，而每一个单项工程中又包含许多项目。单价分析也可称为单价分解，就是对工程量表中所列项目的单价进行分析、计算和确定。或者说是研究如何计算不同项目的直接费和分摊其间接费、上级企业管理费、利润和风险费之后得出项目的单价。

工程项目投标报价单价分析的步骤和方法，主要有以下内容。

（1）列出单价分析表。单价分析通常列表进行，将每个单项工程和每个单项工程中的所有项目分门别类，一一列出，制成表格。列表时要特别注意应包括施工设备、劳务、管理、材料、安装、维护、保险、利润、税金、政策性文件规定及合同包含的所有风险、责任等各项应有费用，不能遗漏或重复列项，投标人没有列出或填写的项目，招标人将不予支付，并认为此项费用已包括在其他项目之中了。

（2）对每项费用进行计算。按照投标报价的费用组成，分别对直接费 A、间接费 B、利润 C 和税金 D 的每项费用进行计算。

直接费 A 包括直接工程费 A_1 和措施费 A_2。

$$A = A_1 + A_2$$

1）直接工程费 A_1 属于不可变费用，是按定额套出来的。它具体包括：人工费 A_{1-1}、材料费 A_{1-2}、施工机械使用费 A_{1-3}。人工费 A_{1-1}，有时分为普工、技工和工长三项，有时也可不分。根据人工定额求出完成此项目工程量所需的总工时数，乘以每工时的单价即可得到人工费总计。材料费 A_{1-2}，根据技术规范和施工要求，可以确定所需材料品种及材料消耗定额，再根据每种材料的单价求出该种材料的总价及全部材料的总价。施工机械使用费 A_{1-3}，列出所需的各种机械，并参照本公司的施工机械使用定额求出总的机械台时数，再分别乘以机械台时单价，得出每种机械的总价和全部施工机械的总价。

$$A_1 = A_{1-1} + A_{1-2} + A_{1-3}$$

2）措施费 A_2、间接费 B，属于可变费用，它们的费用内容、开支水平因工程规模、技术难易、施工场地、工期长短及企业资质等级等条件而异，一般应由投标人根据工程情况自行确定报价。实践中也可由各地区、各部门依工程规模大小、技术难易程度、工期长短等划分不同工程类型，以编制年度市场价格水平，分别制定具有上下限幅度的指导性费率（即费用比率系数），供投标人编制投标报价时参考。

措施费、间接费的费用比率系数（费率）是一个很重要的数值。对国内招标工程，政府有关部门常常对此做了规定，投标人编制投标报价时可以直接以此作参考。而对国际招标工程，则通常没有规定，这就需要由承包商自己根据实际情况确定。

土建工程措施费的费用比率系数，通过一个工程全部措施费项目总和与所有单项工程直接工程费总和之比得出；间接费的费用比率系数，通过一个工程全部间接费项目总和与所有单项工程的直接费总和之比得出。安装工程措施费、间接费的费用比率系数，分别通过一个工程全部直接费、间接费的项目总和，与所有单项工程的人工费总和之比得出。比如土建工程措施费、间接费比率系数分别为：

措施费比率系数 $a = \dfrac{\text{工程全部措施费项目总和}\sum A_2}{\text{所有单项工程直接工程费总和}\sum A_1}$

间接费比率系数 $b = \dfrac{\text{工程全部间接费项目总和}\sum B}{\text{所有单项工程直接费总和}\sum A}$

措施费 $A_2 = A_1 a$

间接费 $B = Ab$

工程总成本 $W = A + B = (1+b)A$

安装工程措施费、间接费和工程总成本，也可依据上述方法计算出来。

3）利润 $C=Wc$。c 为利润率。根据国家有关规定，建筑安装工程的利润可按不同投资来源或工程类别，分别制定差别利润率。利润计算基数：对土建工程，以直接费与间接费之和为基数计算，其中单独承包装饰工程的以人工费为基数计算；对安装工程，以人工费为基数计算。利润率的变化很大，应根据公司自身的管理水平、承包市场、地区、对手、工程难易程度等许多因素来确定。

4）税金 D，包括营业税、城市维护建设税及教育费附加。按直接费、间接费、利润三项之和为基数计算。

$$每个项目的单价 U= （W+C+D）/该项目的工程量$$

四、投标报价决策分析

报价决策就是确定投标报价的总水平。这是投标胜负的关键环节，通常由投标工作班子的决策人在主要参谋人员的协助下作出决策。

报价决策的工作内容。

（1）计算基础标价，即根据工程量清单和报价项目单价表，进行初步测算，其间可能对某些项目的单价作必要的调整，形成基础标价。

（2）风险预测和盈亏分析，即充分估计施工过程中的各种有关因素和可能出现的风险，预测对工程造价的影响程度。

（3）测算可能的最高标价和最低标价，也就是测定基础标价可以上下浮动的界限，使决策人心中有数，避免凭主观愿望盲目压价或加大保险系数。完成这些工作以后，决策人就可以靠自己的经验和智慧，作出报价决策。

（4）编制正式报价单。

基础标价、可能的最低标价和最高标价可分别按下式计算：

$$基础标价=\sum 报价项目\times 单价$$
$$最低标价=基础标价-（预期盈利\times 修正系数）$$
$$最高标价=基础标价+（风险损失\times 修正系数）$$

在一般情况下，无论各种盈利因素或者风险损失，都不可能在一个工程上百分之百地出现，所以应加一个修正系数，这个系数凭经验一般取 0.5～0.7。

五、投标报价宏观审核

为了增强报价的准确性，提高中标率和经济效益，除重视投标策略，加强报价管理以外，还应善于认真总结经验教训，采取相应的对策从宏观角度对承包工程总报价进行控制。投标承包工程，报价是投标的核心，报价正确与否直接关系到投标的成败。

宏观审核的目的在于通过换角度的方式对报价进行审查，以提高报价的准确性，提高竞争能力。

一个工程可分为若干单项工程，而每一个单项工程中又包含许多项目。总体报价是由各单项的价格组成的，在考虑某一具体项目的价格水平时，因为所处的角度是面对具体的问题，也许我们认为其合情合理。但当组成整体价格时，从整体的角度去看则未必合理，这正是进行宏观审核的必要性。宏观审核通常所采取的观察角度主要有以下几种。

1. 单位工程造价

将投标报价折合成单位工程造价，如房屋工程按平方米造价；铁路、公路按公里造价；铁路桥梁、隧道按每延长米造价；公路桥梁按桥面平方米造价等，并将该项目的单位工程造价与类似工程（或称参照对象）的单位工程造价进行比较，以判定其报价水平的高低。

2. 全员劳动生产率

所谓全员劳动生产率是指全体人员每工日的生产价值。一定时期内，由于受企业一定的生产力水平所决定，具有相对稳定的全员劳动生产率水平。因而企业在承揽同类工程或机械化水平相近的项目时应具有相近的全员劳动生产率水平。

3. 单位工程用工用料正常指标

我国铁路隧道施工部门根据其所积累的大量施工经验，统计分析出的各类围岩隧道的每延长米隧道用工、用料正常指标；房建部门对房建工程每平方米建筑面积所需劳力和各种材料的数量也都有一个合理的指数；可据此进行宏观控制。常见房屋工程每平方米建筑面积主要用工用料量见表 6-5。

表 6-5 房屋建筑工程每平方米建筑面积用工用料数量表

序号	建筑类型	人工 /（工日·m⁻²）	水泥 /kg	钢材 /kg	木材 /m³	砂子 /m³	碎石 /m³	砖砌体 /m³	水 /t
1	砖混结构楼房	4.0~4.5	150~200	20~30	0.04~0.05	0.3~0.4	0.2~0.3	0.35~0.45	0.7~0.9
2	多层框架楼房	4.5~5.5	220~240	50~65	0.05~0.06	0.4~0.5	0.4~0.6	—	1.0~1.3
3	高层框架楼房	5.5~6.5	230~260	60~80	0.06~0.07	0.45~0.55	0.45~0.65	—	1.2~1.5
4	某高层宿舍楼（内浇外挂结构）	4.51	250	61	0.031	0.45	0.50	—	1.10
5	某高层饭店（筒体结构）	5.80	250	61	0.032	0.51	0.59	—	1.30

注：木材主要是木模板需要量。如果采用钢模板，木材可大大减少。表中第 5 项工程采用钢、木两种模板。

4. 各分项工程价值的正常比例

一个工程项目是由基础、墙体、楼板、屋面、装饰、水电、各种附属设备等分项工程构成的，它们在工程价值中都有一个合理的大体比例，承包商应将投标项目的各分项工程价值的比例与经验数值相比较。

5. 各类费用的正常比例

任何一个工程的费用都是由人工费、材料设备费、施工机械费、间接费等各类费用组成的，它们之间都应有一个合理的比例。

6. 预测成本比较

将一个国家或地区的同类工程报价项目和中标项目的预测工程成本资料整理汇总贮存，作为下一轮投标报价的参考，可以衡量新项目报价的得失情况。

7. 个体分析整体综合

将整体报价进行分解，分摊至各个体项目上，与原个体项目价格相比较，发现差异、分析原因、合理调整，再将个体项目价格进行综合，形成新的总体价格，与原报价进行比较。

如修建一条铁路，这是包含线、桥、隧、站场、房屋、通信信号等个体工程的综合工程项目，首先应对个体工程进行逐个分析，然后进行综合研究和控制。

8. 综合定额估算法

本法是采用综合定额和扩大系数估算工程的工料数量及工程造价的一种方法；是在掌握工程实施经验和资料的基础上的一种估价方法。一般说来比较接近实际，尤其是在采用其他宏观指标对工程报价难以核准的情况下，该法更显出它比较细致可靠的优点。其程序如下所述。

(1) 选控项目。任何工程报价的工程细目都有几十或几百项。为便于采用综合定额进行工程估算，首先将这些项目有选择地归类，合并成几种或几十种综合性项目，称"可控项目"，其价值约占工程总价的75%～80%；有些工程细目，工程量小、价值不大、又难以合并归类的，可不合并，此类项目称"未控项目"，其价值约占工程总价的20%～25%。

(2) 综合定额。对上述选控项目编制相应的定额，能体现出选控项目用工、用料较实际的消耗量，这类定额称综合定额。综合定额应在平时编制完好，以备估价时使用。

(3) 根据可控项目的综合定额和工程量，计算出可控项目的用工总数及主要材料数量。

(4) 估测"未控项目"的用工总数及主要材料数量。该用工数量约占"可控项目"用工数量的20%～30%，用料数量约占"可控项目"用料数量的5%～20%。为选好这个比率，平时作工程报价详细计算时，应认真统计"未控项目"与"可控项目"价值的比率。

(5) 根据上述 (3)、(4) 两项的结果，将"可控项目"和"未控项目"的用工总数及主要材料数量相加，求出工程总用工数和主要材料总数量。

(6) 根据 (5) 计算的主要材料数量及实际单价，求出主要材料总价。

(7) 根据 (5) 计算的总用工数及劳务工资单价，求出工程总人工费。

(8) 工程材料总价。

工程材料总价＝主要材料总价×扩大系数（约1.5～2.5）

选取扩大系数时，钢筋混凝土及钢结构等含钢量多、装饰贴面少的工程，应取低值；反之，应取高值。

（9）工程总价。

$$工程总价＝（总工费＋材料总价）×系数$$

该系数的取值，承包工程取 1.4～1.5，经援项目为 1.3～1.35。

上述办法及计算程序中所选用的各种系数，仅供参考，不可盲目套用。

综合定额估算法，属宏观审核工程报价的一种手段。不能以此代替详细的报价资料，报价时仍应按招标文件的要求详细计算。

9. 企业内部定额估价法

根据企业的施工经验，确定企业在不同类型的工程项目施工中的工、料、机等的消耗水平，形成企业内部定额，并以此为基础计算工程估价。此方法不但是核查报价准确性的重要手段，也是企业内部承包管理、提高经营管理水平的重要方法。

综合运用上述方法与指标，就可以减少报价中的失误，不断提高报价水平。

本 章 小 结

工程招标、投标是我国社会主义市场经济发展的必然要求，也是提高国内工程管理的一个必要手段。同时，通过招标投标可以鼓励竞争，防止垄断。建设工程招投标的推行使计划经济条件下建设任务的发包从以计划为主转变到以投标竞争为主，使我国承发包方式发生了重要变化，因此，推行建设工程招投标对降低工程造价，使工程造价得到合理控制具有非常重要的影响。

思 考 与 练 习

1. 简述建设工程承包合同价格的分类。
2. 简述编制工程项目招标标底价格编制的原则和依据。
3. 简述编制标底价格的程序。
4. 简述投标报价工作的主要内容。
5. 简述投标报价工作中单价分析的步骤和方法。

第七章 建设工程施工阶段投资控制

1. 建设工程资金使用计划的编制。
2. 建设工程变更合同价款的确定。
3. 建设工程项目工程结算的预付款与进度款的支付，工程竣工结算的支付。
4. 工程投资偏差分析。

掌握建设工程施工阶段工程投资控制的内容、方法和程序。

第一节 施工阶段投资控制概述

一、施工阶段投资控制的目标

决策阶段、设计阶段和招标阶段的投资控制工作，使工程建设规划在达到预先功能要求的前提下，其投资预算数也达到最优程度，这个最优程度的预算数的实现，取决于工程建设施工阶段投资控制工作。监理工程师在施工阶段进行投资控制的基本原理是把计划投资额作为投资控制的目标值，在工程施工过程中定期进行投资实际值与目标值的比较，找出偏差及其产生的原因，采取有效措施加以控制，以保证投资控制目标的实现（图7-1）。其间日常的核心工作是工程计量与支付，同时工程变更和索赔对工程支付的影响较大，也需引起足够的重视。

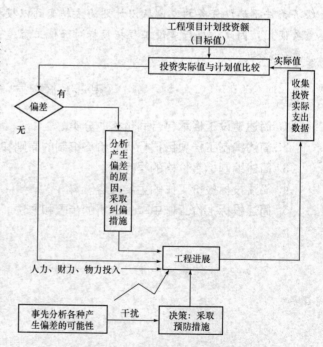

图 7-1 施工阶段投资控制原理图

二、施工阶段投资控制的措施

施工阶段的投资控制工作周期长、内容多、潜力大，需要采取多方面的控制措施，确保投资实际支出值小于计划目标值。项目监理在本阶段采取的投资控制措施如下。

1. 技术措施

（1）严格控制设计变更，并对设计变更进行技术经济分析和审查。

（2）进一步寻找通过完善设计、施工工艺、材料和设备管理等多方面挖潜以节约投资的途径，组织"三查四定"（即查漏项、查错项、查质量隐患、定人员、定措施、定完成时间、定质量验收），对查出的问题进行整改，组织审核降低造价的技术措施。

（3）加强设计交底和施工图会审工作，把问题解决在施工之前。

2. 经济措施

（1）对已完成的实物工程量进行计量或复核，对未完工程量进行预测。

（2）预付工程款、工程进度款、工程结算、备料款和预付款的合理回扣时间的审核、签证。

（3）在施工实施的全过程中进行投资跟踪、动态控制和分析预测，对投资目标计划值按费用构成、工程构成、实施阶段、计划进度进行分解。

（4）定期向监理负责人、建设单位提供投资控制报表、投资支出计划与实际分析对比。

（5）编制施工阶段详细的费用支出计划，依据投资计划的进度要求编制，并控制其执行和复核付款账单，编制资金筹措计划和分阶段到位计划。

（6）及时办理和审核工程结算。

（7）制订行之有效的节约投资的激励机制和约束机制。

3. 组织措施

（1）建立项目监理的组织保证体系，在项目监理班子中落实从投资控制方面进行投资跟踪、现场监督和控制的人员，明确任务及职责，如发布工程变更指令、对已完工程的计量、支付款复核、设计挖潜复查、处理索赔事宜，进行投资计划值和实际值比较，投资控制的分析与预测，报表的数据处理，资金筹措和编制资金使用计划等。

（2）编制本阶段投资控制详细工作流程图。

（3）每项任务需有人检查，规定确切的完成日期并提出质量上的要求。

4. 合同措施

（1）参与处理索赔事宜时以合同为依据。

（2）参与合同的修改、补充、管理工作，并分析研究合同条款对投资控制的影响。

（3）监督、控制、处理工程建设中的有关问题时以合同为依据。

三、施工阶段投资控制的工作程序

施工阶段投资控制的工作程序如图 7-2 所示。

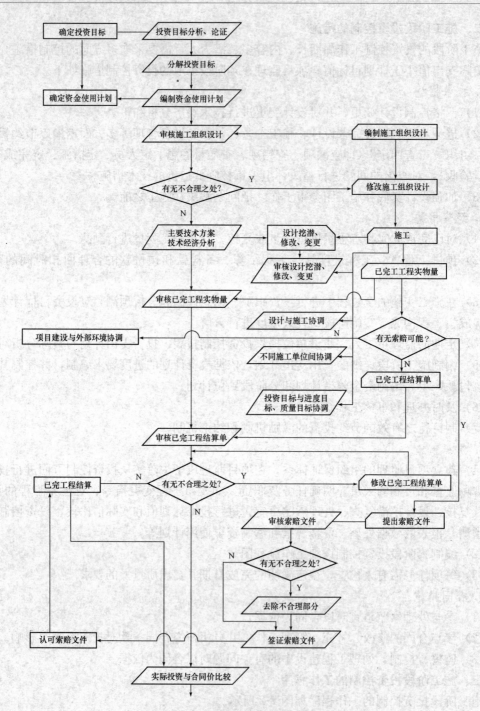

图 7-2 施工阶段投资控制的工作流程

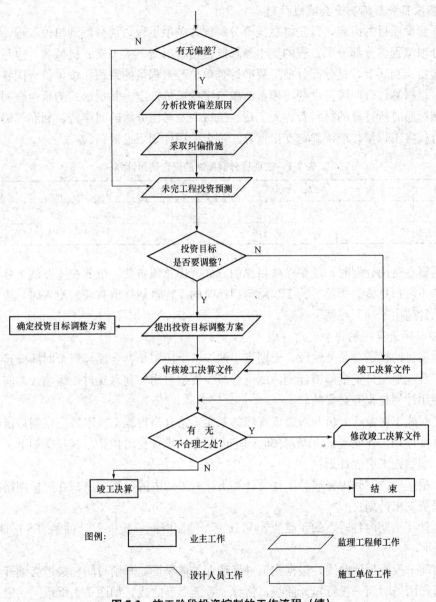

图 7-2 施工阶段投资控制的工作流程（续）

四、施工阶段资金使用计划的编制

施工阶段编制资金使用计划的目的是为了控制施工阶段投资，合理确定工程项目投资控制目标值，也就是根据工程概算或预算确定计划投资的总目标值、分目标值、细目标值。

1. 按项目分解编制资金使用计划

根据建设项目的组成，首先将总投资分解到各单项工程，再分解到单位工程，最后分解到分部分项工程。分部分项工程的支出预算既包括材料费、人工费、机械费，也包括承包企业的间接费、利润等，是分部分项工程的综合单价与工程量的乘积。按单价合同签订的招标项目，可根据签订合同时提供的工程量清单所定的单价确定。其他形式的承包合同，可利用招标编制标底时所计算的材料费、人工费、机械费及考虑分摊的间接费、利润等确定综合单价，同时核实工程量，准确确定支出预算。资金使用计划表见表 7-1。

表 7-1　按项目分解编制的资金使用计划

编 码	工程内容	单 位	工程数量	综合单价	合 价	备 注

编制资金使用计划时，既要在项目总的方面考虑总预备费，也要在主要的工程分项中安排适当的不可预见费。所核实的工程量与招标时的工程量估算值有较大出入时，应予以调整并作"预计超出子项"注明。

2. 按时间进度编制资金使用计划

建设项目的投资总是分阶段、分期支出的，资金应用是否合理与资金时间安排有密切关系。为了合理地制订资金筹措计划，尽可能减少资金占用和利息支付，编制按时间进度分解的资金使用计划是很有必要的。

通过对施工对象的分析和对施工现场的考察，结合当代施工技术特点，制订出科学合理的施工进度计划，在此基础上编制按时间进度划分的投资支出预算。其步骤如下：

（1）编制施工进度计划；

（2）根据单位时间内完成的工程量计算出这一时间内的预算支出、在时标网络图上按时间编制投资支出计划；

（3）计算工期内各时点的预算支出累计额，绘制时间—投资累计曲线（S 形曲线），如图 7-3 所示。

对时间—投资累计曲线，根据施工进度计划的最早可能开始时间和最迟必须开始时间来绘制则可得两条时间—投资累计曲线，俗称"香蕉"形曲线，如图 7-4 所示。一般而言，按最迟必须开始时间安排施工，对建设资金贷款利息节约有利，但同时也降低了项目按期竣工的保证率，故监理工程师必须合理地确定投资支出预算，达到既节约投资支出，又能控制项目工期的目的。

在实际操作中可同时绘出计划进度预算支出累计线、实际进度预算支出累计线和实际进度实际支出累计线，以进行比较，了解施工过程中费用的节约或超出情况。

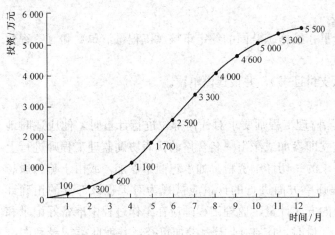

图 7-3　时间—投资累计曲线（S 形曲线）

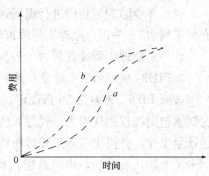

图 7-4　投资计划值的香蕉图
（a）所有工作按最迟开始时间开始的曲线；
（b）所有工作按最早开始时间开始的曲线

第二节　工程计量

一、工程计量的重要性

采用单价合同的承包工程，工程量清单中的工程量，只是在图纸和规范基础上的估算值，不能作为工程款结算的依据。监理工程师必须对已完工的工程进行计量，只有经过监理工程师计量确定的数量才是向承包商支付工程款的凭证。所以，计量是控制项目投资支出的关键环节，也是约束承包商履行合同义务的手段，监理工程师对计量支付有充分的批准权和否决权，对不合格的工作和工程，可以拒绝计量。监理工程师通过按时计量，可以及时掌握承包商工作的进展情况和工程进度，督促承包商履行合同。

二、工程计量的程序

1. 施工合同文本规定的工程计量程序

按照住房与城乡建设部和国家工商行政管理局颁布的施工合同文本中的有关规定，工程计量的一般程序是：承包方按专用条款约定的时间，向监理工程师提交已完工程量的报告。监理工程师接到报告后 7 天内按设计图纸核实已完工程量，并在计量前 24 小时通知承包方，承包方为计量提供便利条件并派人参加。承包方不参加计量，发包方自行计量的，计量结果有效，作为工程价款支付的依据。监理工程师收到承包方报告后 7 天内未进行计量，从第 8 天起，承包方报告中开列的工程量即视为被确认，作为工程价款支付的依据。如监理工程师不按照约定时间通知承包方，使承包方不能参加计量，则计量结果无效。

2. 建设工程监理规范规定的工程计量程序

（1）承包单位统计经专业监理工程师质量验收合格的工程量，按施工合同的约定填报

《工程量清单》和《工程款支付申请表》；

（2）专业监理工程师进行现场计量，按施工合同的约定审核《工程量清单》和《工程款支付申请表》，并报总监理工程师审定；

（3）总监理工程师签署《工程款支付证书》，并报建设单位。

3. FIDIC 规定的工程计量程序

按照 FIDIC 条款第 56 条规定，当监理工程师要求对任何部位进行计量时，他应适时地通知承包商授权的代理人，代理人应立即参加或派出一名合格的代表协助监理工程师进行上述计量工作，并提供监理工程师所要求的一切详细资料。如承包商不参加，或由于疏忽遗忘而未派上述代表参加，则由监理工程师单方面进行的计量应被视为对工程该部分的正确计量。如果对永久工程采取记录和图纸的方式计量，监理工程师应在工作过程中准备好记录和图纸，当承包商被通知要求进行该项计量时，应在 14 天内参加审查，并就此类记录和图纸与监理工程师达成一致意见，在上述文件上签字。如果承包商不出席此类记录和图纸的审查和确认时，则认为这些记录和图纸是正确无误的。如果在审查上述记录和图纸之后，承包商不同意上述记录和图纸，或不签字表示同意，它们仍将被认为是正确的，除非承包商在上述审查后 14 天内向监理工程师提出申诉，申明承包商认为上述记录与图纸中并不正确的各个方面。在接到这一申诉通知后，监理工程师应复查这些记录和图纸，或予以确认或予以修改。

在某些情况下，也可由承包商在监理工程师的监督和管理下，对工程的某些部分进行计量。

三、工程计量的依据

计量依据一般有质量合格证书、工程量清单前言和技术规范中的"计量支付"条款和设计图纸。

（1）质量合格证书。对于承包商已完工程，经过专业工程师检验，工程质量达到合同规定的标准后，由专业工程师签署报验申请表（质量合格证书），只有质量合格的工程才予以计量。

（2）工程量清单前言和技术规范中的"计量支付"条款。工程量清单前言和技术规范的"计量支付"条款规定了清单中每一项工程的计量方法，同时还规定了按规定的计量方法确定的单价所包括的工作内容和范围。

（3）设计图纸。工程师计量的工程数量，并不一定是承包商实际施工的数量，计量的几何尺寸要以设计图纸为依据，工程师对承包商超出设计图纸要求增加的工程量和自身原因造成返工的工程量，应不予计量。

未经监理人员质量验收合格的工程量，或不符合施工合同规定的工程量，监理人员应拒绝该部分的工程款支付申请。

四、工程计量的方法

监理工程师一般只对如下三方面的工程项目进行计量：工程量清单中的全部项目、合同文件中规定的项目、工程变更项目。根据 FIDIC 合同条件的规定，一般可按照以下方法进行计量。

1. 估价法

所谓估价法，就是按合同文件的规定，根据监理工程师估算的已完成的工程价值支付。如为监理工程师提供办公设施和生活设施，为监理工程师提供用车，为监理工程师提供测量设备、天气记录设备、通信设备等项目。这类清单项目往往要购买几种仪器设备。当承包商对于某一项清单项目中规定购买的仪器设备不能一次购进时，则需采用估价法进行计量支付。

2. 凭据法

所谓凭据法，就是按照承包商提供的凭据进行计量支付。如提供建筑工程险保险费、提供第三方责任险保险费、提供履约保证金等项目，一般按凭据法进行计量支付。

3. 均摊法

所谓均摊法，就是对清单中某些项目的合同价款，这些项目都有一个共同的特点，即每月均有发生，按合同工期平均计量，可以采用均摊法进行计量支付。

4. 断面法

断面法主要用于取土坑或填筑路堤土方的计量。对于填筑土方工程，一般规定计量的体积为原地面线与设计断面所构成的体积。采用这种方法计量，在开工前承包商需测绘出原地形的断面，并需经监理工程师检查，以作为计量的依据。

5. 分解计量法

所谓分解计量法，就是将一个项目，根据工序或部位分解为若干子项。对已完成的各子项进行计量支付。这种计量方法主要是为了解决一些包干项目或较大的工程项目的支付时间过长，影响承包商的资金流动。

6. 图纸法

按图纸进行计量的方法，称为图纸法。在工程量清单中，许多项目都采取按照设计图纸所示的尺寸进行计量。如混凝土构筑物的体积、钻孔桩的桩长等。

第三节　工程变更价款的控制

工程变更是在工程项目实施过程中，按照合同约定的程序对部分或全部工程在材料、工艺、功能、构造、尺寸、技术指标、工程数量及施工方法等方面做出的改变。

建设工程施工合同签订以后，对合同文件中的任何一部分的变更都属于工程变更的范畴。建设单位、设计单位、施工单位和监理单位等都可以提出工程变更的要求。因此在工程建设的过程中，如果对工程变更处理不当，则会对工程的投资、进度计划、工程质量造成影响，甚至引发合同有关方面的纠纷。因此对工程变更应予以重视，严加控制，并依照法定程序予以解决。

一、工程变更的原因

工程变更的主要原因包括以下几个方面。

（1）设计变更。在施工前或施工过程中，由于遇到不能预见的情况、环境，或为了降低成本，或原设计的各种原因引起的设计图纸、设计文件的修改、补充，而造成的工程修改、返工、报废等。

（2）工程量的变更。由于各种原因引起的工程量的变化，或建设单位指令要求增加或减少附加工程项目、部分工程，或提高工程质量标准、提高装饰标准等。监理工程师必须对这些变化进行认证。

（3）有关技术标准、规范、技术文件的变更。由于情况变化或有关方面的要求，对合同文件中规定的有关技术标准、规范、技术文件需增加或减少，以及建设单位或监理工程师的特殊要求，指令施工单位进行合同规定以外的检查、试验而引起的变更。

（4）施工时间的变更。施工单位的进度计划，在监理工程师审核批准以后，由于建设单位的原因，包括没有按期交付设计图纸、资料，没有按期交付施工场地和水源、电源，以及建设单位供应的材料、设备、资金筹集等未能按工程进度及时交付，或提供的材料设备因规格不符、或有缺陷不宜使用，影响了原进度计划的实施，特别是这种影响使关键线路上的关键节点受到影响，而要求施工单位重新安排施工时间时引起的变更。

（5）施工工艺或施工次序的变更。施工组织设计经监理工程师确认以后，因为各种原因需要修改时，改变了原施工合同规定的工程活动的顺序及时间，打乱了施工部署而引起的变更。

（6）合同条件的变更。建设工程施工合同签订以后，甲乙双方根据工程实际情况，需要对合同条件的某些方面进行修改、补充，待双方对修改部分达成一致意见以后，引起的变更。

二、项目监理机构处理工程变更的程序

（1）设计单位对原设计存在的缺陷提出的工程变更，应编制设计变更文件；建设单位或承包单位提出的工程变更，应提交总监理工程师，由总监理工程师组织专业监理工程师审查。审查同意后，应由建设单位转交给原设计单位编制设计变更文件。当工程变更涉及安全、环保等内容时，应按规定经有关部门审定。

（2）项目监理机构应了解实际情况和收集与工程变更有关的资料。

（3）总监理工程师必须根据实际情况、设计变更文件和其他有关资料，按照施工合同的有关条款，在指定专业监理工程师完成下列工作后，对工程变更的费用和工期作出评估：

1）确定工程变更项目与原工程项目之间的类似程度和难易程度。

2) 确定工程变更项目的工程量。

3) 确定工程变更的单价或总价。

（4）总监理工程师应就工程变更费用及工期的评估情况及承包单位和建设单位进行协调。

（5）总监理工程师签发工程变更单。

（6）项目监理机构应根据工程变更单监督承包单位实施。

三、项目监理机构处理工程变更的要求

项目监理机构在工程变更的质量、费用和工期方面取得建设单位授权后，总监理工程师应按施工合同规定与承包单位进行协商，经协商达成一致后，总监理工程师应将协商结果向建设单位通报，并由建设单位与承包单位在变更文件上签字。

在项目监理机构未能就工程变更的质量、费用和工期方面取得建设单位授权时，总监理工程师应协助建设单位和承包单位进行协商，并达成一致。

在建设单位和承包单位未能就工程变更的费用等方面达成协议时，项目监理机构应提出一个暂定的价格，作为临时支付工程进度款的依据。该项工程款最终结算时，应以建设单位和承包单位达成的协议为依据。

此外，在总监理工程师签发工程变更单之前，承包单位不得实施工程变更；未经总监理工程师审查同意而实施的工程变更，项目监理机构不得予以计量。

四、工程变更价款的确定

（1）《建设工程施工合同（示范文本）》约定的工程变更价款的确定方法。

1) 合同中已有适用于变更工程的价格，按合同已有的价格变更合同价款。

2) 合同中只有类似于变更工程的价格，可以参照类似价格变更合同价款。

3) 合同中没有适用或类似于变更工程的价格，由承包人提出适当的变更价格，经监理工程师确认后执行。

（2）工程变更价款确定的方法。

1) 采用合同中工程量清单的单价和价格，具体有几种情况：直接套用，即从工程量清单上直接拿来使用；间接套用，即依据工程清单，通过换算后采用；部分套用，即依据工程量清单，取其价格中的某一部分使用。

2) 协商单价和价格。协商单价和价格是基于合同中没有，或者有些不合适的情况下采取的一种方法。

五、工程变更的时间限定

（1）施工中发包人对原工程设计进行变更，应提前 14 天以书面形式向承包人发出变更通知。

（2）承包人在工程变更确定后 14 天内，提出变更工程价款的报告，经监理工程师确认后调整合同价款。

（3）承包人在双方确定变更后 14 天内不向监理工程师提出变更工程价款报告时，视为该项变更不涉及合同价款的变更。

（4）监理工程师应在收到变更工程价款报告之日起 14 天内予以确认，监理工程师无正当理由不确认时，自变更工程价款报告送达之日起 14 天后视为变更工程价款报告已被确认。

（5）监理工程师不同意承包人提出的变更价款，按关于争议的约定处理。

六、工程变更的资料和文件

由于工程变更处理除涉及合同管理和执行外，还影响到工程的投资、进度计划和工程质量，因此对其处理过程应有书面签证。主要包括以下内容。

（1）提出工程变更要求的文件。提出工程变更要求的文件应包括工程变更的原因和依据，变更的内容和范围，对工程量变化和由此引起的价格变化、合同价款变化的估算，对有关单位或有关工作的要求和影响，以及对工程价格、进度计划、工程质量的要求或影响等。

（2）审核工程变更的文件。监理单位、建设单位、设计单位和施工单位对"提出工程变更要求"的文件的各项内容提出复核、计算、审查意见；对于设计变更还需要送原设计单位审查，取得相应的设计图纸和说明。

（3）同意工程变更的文件。一般由有关的施工单位、设计单位会签，建设单位批准，监理工程师签发。

第四节 工 程 结 算

一、工程价款的主要结算方式

我国现行工程价款结算根据不同情况，可采取多种方式。

1. 按月结算

实行旬末或月中预支，月终结算，竣工后清算的方法。跨年度竣工的工程，在年终进行工程盘点，办理年度结算。我国现行的建筑安装工程价款结算中，相当一部分是实行这种按月结算的方法。

2. 竣工后一次结算

建设项目或单项工程全部建筑安装工程建设期在 12 个月以内，或者工程承包合同价值在 100 万元以下的，可以实行工程价款每月月中预支，竣工后一次结算。

3. 分段结算

当年开工，当年不能竣工的单项工程或单位工程按照工程形象进度，划分不同阶段进行结算。分段结算可以按月预支工程款。其分段的划分标准，由各部门、自治区、直辖市、计划单列市规定。

4. 目标结款方式

即在工程合同中，将承包工程的内容分解成不同的控制界面，以业主验收控制界面作为支付工程价款的前提条件。也就是说,将合同中的工程内容分解成不同的验收单元,当承包商完成单元工程内容并经业主(或其委托人)验收后,业主支付构成单元工程内容的工程价款。

目标结款方式下,承包商要想获得工程价款,必须按照合同约定的质量标准完成界面内的工程内容;要想尽早获得工程价款,则必须充分发挥自己的组织实施能力,在保证质量的前提下,加快施工进度。当承包商拖延工期时,则业主推迟付款,增加承包商的财务费用、运营成本,降低承包商的收益,客观上使承包商因延迟工期而遭受损失;同样,当承包商积极组织施工,提前完成控制界面内的工程内容时,承包商可提前获得工程价款,增加承包收益,客观上使承包商因提前工期而增加了有效利润。同时,因承包商在界面内质量达不到合同约定的标准而业主不予验收,承包商也会因此而遭受损失。可见,目标结款方式实质上是运用合同手段、财务手段对工程的完成进行主动控制。

目标结款方式中,对控制界面的设定应明确描述,便于量化和质量控制,同时要适应项目资金的供应周期和支付频率。

5. 结算双方约定的其他结算方式

施工企业在采用按月结算工程价款方式时,要先取得各月实际完成的工程数量,并按照工程预算定额中的工程直接费预算单价、间接费用定额和合同中采用的利税率,计算出已完工程造价。实际完成的工程数量,由施工单位根据有关资料计算,并编制"已完工程月报表",然后按照发包单位编制"已完工程月报表",将各个发包单位的本月已完工程造价汇总反映。再根据"已完工程月报表"编制"工程价款结算账单",与"已完工程月报表"一起分送发包单位和经办银行,据以办理结算。

施工企业在采用分段结算工程价款方式时,要在合同中规定工程部位完工的月份,根据已完工程部位的工程数量计算已完工程造价,按发包单位编制"已完工程月报表"和"工程价款结算账单"。

对于工期较短、能在年度内竣工的单项工程或小型建设项目,可在工程竣工后编制"工程价款结算账单",按合同中的工程造价一次结算。

"工程价款结算账单"是办理工程价款结算的依据。"工程价款结算账单"中所列应收工程款应与随同附送的"已完工程月报表"中的工程造价相符,"工程价款结算账单"除应列明应收工程款外,还应列明应扣预收工程款、预收备料款、发包单位供给材料价款等应扣款项,算出本月实收工程款。

为保证工程按期收尾竣工,工程在施工期间,不论工程长短,其结算工程款,一般不得超过承包工程价值的95%,结算双方可以在5%的幅度内协商确定尾款比例,并在工程承包合同中说明。施工企业如已向发包单位出具履约保函或有其他保证的,可以不留工程尾款。

"已完工程月报表"和"工程价款结算账单"的格式见表7-2、表7-3。

表 7-2　已完工程月报表

发包单位名称：　　　　　　　　　　　　　年　月　日　　　　　　　　　　　　　　元

单项工程和单位工程名称	合同造价	建筑面积	开竣工日期		实际完成数		备　注
			开工日期	竣工日期	至上月（期）止已完工程累计	本月（期）已完工程	

施工企业：　　　　　　　　　　　　　　　　　　　　　　　编制日期：　年　月　日

表 7-3　工程价款结算账单

发包单位名称：　　　　　　　　　　　　　年　月　日　　　　　　　　　　　　　　元

单项工程和单位工程名称	合同造价	本月（期）应收工程款	应扣款项			本月（期）实收工程款	尚未归还	累计已收工程款	备　注
			合　计	预收工程款	预收备料款				

施工企业：　　　　　　　　　　　　　　　　　　　　　　　编制日期：　年　月　日

二、工程预付款的支付

施工企业承包工程，一般都实行包工包料，这就需要有一定数量的备料周转金。在工程承包合同条款中，一般要明文规定发包单位（甲方）在开工前拨付给承包单位（乙方）一定限额的工程预付备料款。此预付款构成施工企业为该承包工程项目储备主要材料、结构件所需的流动资金。

按照我国有关规定，实行工程预付款的，双方应当在专用条款内约定发包方向承包方预付工程款的时间和数额，开工后按约定的时间和比例逐次扣回。预付时间应不迟于约定的开工日期前 7 天。发包方不按约定预付，承包方在约定预付时间 7 天后向发包方发出要求预付的通知，发包方收到通知后仍不能按要求预付，承包方可在发出通知 7 天后停止施工，发包方应从约定应付之日起向承包方支付预付款的贷款利息，并承担违约责任。

工程预付款仅用于承包方支付施工开始时与本工程有关的动员费用。如承包方滥用此款，发包方有权收回。在承包方向发包方提交金额等于预付款数额（发包方认可的银行开出）的银行保函后，发包方按规定的金额和规定的时间向承包方支付预付款，在发包方全部扣回预付款之前，该银行保函将一直有效。当预付款被发包方扣回时，银行保函金额相应递减。

1. 工程预付款的限额

工程预付款的限额，各地区、各部门的规定不完全相同，主要是保证施工所需材料和构件的正常储备。一般是根据施工工期、建安工作量、主要材料和构件费用占建安工作量的比例以及材料储备周期等因素经测算来确定。

（1）在合同条件中约定。发包人根据工程的特点、工期长短、市场行情、供求规律等因素，招标时在合同条件中约定工程预付款的百分比。

（2）公式计算法。公式计算法是根据主要材料（含结构件等）占年度承包工程总价的比重、材料储备定额天数和年度施工天数等因素，通过公式计算预付备料款额度的一种方法。

其计算公式是：

$$工程预付款数额 = \frac{工程总价 \times 材料比重（\%）}{年度施工天数} \times 材料储备定额天数$$

$$工程预付款比率 = \frac{工程预付款数额}{工程总价} \times 100\%$$

式中，年度施工天数按 365 日历天计算；材料储备定额天数由当地材料供应的在途天数、加工天数、整理天数、供应间隔天数、保险天数等因素决定。

【例】设某单位 6 号住宅楼施工图预算造价为 250 万元，计划工期为 320 天，预算价值中的材料费占 65％，材料储备期为 100 天，试计算甲方应向乙方付备料款的金额。

【解】甲方应向乙方预付备料款为

$$\frac{250 \times 0.65}{320} \times 100 = 50.78 \ 万元$$

2. 工程预付款的扣回

发包单位拨付给承包单位的预付款属于预支性质，工程实施后，随着工程所需主要材料储备的逐步减少，应以抵充工程价款的方式陆续扣回。扣款的方法如下所述。

（1）可以从未施工工程尚需的主要材料及构件的价值相当于预付款数额时起扣，从每次结算工程价款中，按材料比重扣抵工程价款，竣工前全部扣清。其基本表达公式是：

$$T = P - \frac{M}{N}$$

式中　T——起扣点，即预付备料款开始扣回时的累计完成工作量金额；

　　　　M——预付款限额；

　　　　N——主要材料所占比重；

　　　　P——承包工程价款总额。

（2）扣款的方法也可以在承包方完成金额累计达到合同总价的一定比例后，由承包方开始向发包方还款，发包方从每次应付给承包方的金额中扣回工程预付款，发包方至少在合同规定的完工期前将工程预付款的总计金额逐次扣回。发包方不按规定支付工程预付款，承包方依《建设工程施工合同（示范文本）》的规定享有权力。

在实际经济活动中，情况比较复杂，有些工程工期较短，就无需分期扣回；有些工程工期较长，如跨年度施工，预付款可以不扣或少扣，并于次年按应预付款调整，多退少补。具体地说，跨年度工程，预计次年承包工程价值大于或相当于当年承包工程价值时，可以不扣回当年的预付款；如小于当年承包工程价值时，应按实际承包工程价值进行调整，在当年扣回部分预付款，并将未扣回部分，转入次年，直到竣工年度，再按上述办法扣回。

1）工程预付款的起扣造价。工程预付款的起扣造价是指工程预付款起扣时的工程造价。也就是说工程进行到什么地方，就应该开始起扣工程预付款。应当说当未完工程所需要的材料费，正好等于工程预付款时开始起扣。即未完工程材料费等于工程预付款。

$$未完工程材料费＝未完工程造价×材料比重$$

$$未完工程造价＝\frac{工程预付款}{材料费比重}$$

$$起扣造价＝工程总造价－未完工程造价$$

2）工程预付款的起扣时间。工程预付款的起扣时间是指工程预付款起扣时的工程进度。

$$工程预付款的起扣进度＝\frac{工程预付款的起扣造价}{工程总造价}×100\%$$

三、工程进度款的支付

1. 工程进度款的组成

财政部制定的《企业会计准则——建造合同》中对合同收入的组成内容进行了解释。合同收入包括两部分内容。

（1）合同中规定的初始收入，即建造承包商与客户在双方签订的合同中最初商定的合同总金额，它构成了合同收入的基本内容。

（2）因合同变更、索赔、奖励等构成的收入，并不构成合同双方在签订合同时已在合同中商定的合同总金额，而是在执行合同过程中由于合同变更、索赔、奖励等原因而形成的追加收入。

施工企业在结算工程价款时，应计算已完工程的工程价款。由于合同中的工程造价，是施工企业在工程投标时中标的标函中的标价，它往往在施工图预算的工程预算价值上下浮动。因此已完工程的工程价款，不能根据施工图预算中的工程预算价值计算，只能根据合同中的工程造价计算。为了简化计算手续，可先计算合同工程造价与工程预算成本的比率，再根据这个比率乘以已完工程预算成本，得到已完工程价款，其计算公式如下：

$$\frac{某项工程已}{完工程价款}＝\frac{该项工程已完}{工程预算成本}×\frac{该项工程合同造价}{该项工程预算成本}$$

式中，"该项工程预算成本"为该项工程施工图预算中的总预算成本，"该项工程已完工程预算成本"是根据实际完成工程量和相应的预算（直接费）单价和间接费用定额算得的预算成本。如预算中间接费用定额包括管理费用和财务费用，要先将间接费用定额中的管理费用和财务费用调整出来。

如某项工程的预算成本为 965 000 元，合同造价为 1 203 600 元，当月已完工程预算成本为 130 850 元，则：

$$当月已完工程价款 = 130\ 850 \times \frac{1\ 203\ 600}{965\ 000} = 130\ 850 \times 1.25 = 163\ 563\ 元$$

至于合同变更收入，包括因发包单位改变合同规定的工程内容或因合同规定的施工条件变动等原因，调整工程造价而形成的工程结算收入。如某项办公楼工程，原设计为钢窗，后发包单位要求改为铝合金窗，并同意增加合同变更收入 20 万元，则这项合同变更收入可在完成铝合金窗安装后与其他已完工程价款一起结算，作为工程结算收入。

索赔款，是因发包单位或第三方的原因造成、由施工企业向发包单位或第三方收取的用于补偿不包括在合同造价中的成本的款项。如某施工企业与电力公司签订一份工程造价 2000 万元建造水电站的承包工程合同，规定建设期是 2003 年 3 月至 2006 年 8 月，发电机由发包单位采购，于 2005 年 8 月交付施工企业安装。该项合同在执行过程中，由于发包单位在 2006 年 1 月才将发电机运抵施工现场，延误了工期。经协商，发包单位同意支付延误工期款 30 万元，这 30 万元就是因发生索赔款而形成的收入，亦应在工程价款结算时作为工程结算收入。

奖励款，是指工程达到或超过规定的标准时，发包单位同意支付给施工企业的额外款项。如某施工企业与城建公司签订一项合同造价为 3000 万元的工程承包合同，建设一条高速公路。合同规定建设期为 2004 年 1 月 4 日至 2006 年 6 月 30 日，在合同执行中于 2006 年 3 月工程已基本完工，工程质量符合设计要求，有望提前 3 个月通车，故城建公司同意向施工企业支付提前竣工奖 35 万元。这 35 万元就是因发生奖励款而形成的收入，也应在工程价款结算时作为工程结算收入。

2. 工程进度款支付的程序

施工企业在施工过程中，按逐月（或形象进度、控制界面等）完成的工程数量计算各项费用，向建设单位办理工程进度款的支付。

《建设工程施工合同（示范文本）》关于工程款的支付也作出了相应的规定："在确认计量结果后 14 天内，发包人应向承包人支付工程款（进度款）"。"发包人超过约定的支付时间不支付工程款（进度款），承包人可向发包人发出要求付款的通知，发包人接到承包人通知后仍不能按要求付款，可与承包人协商签订延期付款协议，经承包人同意后可延期支付。协议应明确延期支付的时间和从计量结果确认后第 15 天起计算应付款的贷款利息"。"发包人不按合同约定支付工程款（进度款），双方又未达成延期付款协议，导致施工无法进行，承包人可停止施工，由发包人承担违约责任"。

以按月结算为例，现行的中间结算办法是，施工企业在旬末或月中向建设单位提出预支工程款账单，预支一旬或半月的工程款，月终再提出"工程款结算账单"和"已完工程月报表"，收取当月工程价款，并通过银行进行结算。按月进行结算，要对现场已施工完毕的工程进行逐一清点，资料提出后要交监理工程师和建设单位审查签证。为简化手续，多年来采用的办法是以施工企业提出的统计进度月报表为支取工程款的凭证，即通常所称的工程进度款。工程进度款的支付步骤，如图 7-5 所示。

工程量测量与统计 → 提交已完工程量报告 → 工程师核实并确认 → 建设单位认可并审批 → 支付工程进度款

图 7-5 工程进度款的支付步骤

3. 工程进度款的计算

工程进度款的计算，主要涉及两个方面：一是工程量的计量；二是单价的计算方法。

（1）工程量的计量。根据有关规定，工程量的计量应按如下步骤进行。

1）承包方应按约定时间，向工程师提交已完工程量的报告。工程师接到报告后 7 天内按设计图纸核实已完工程量（以下称计量），并在计量前 24 小时通知承包方，承包方为计量提供便利条件并派人参加。承包方不参加计量，发包方自行进行，计量结果有效，作为工程价款支付的依据。

2）工程师收到承包方报告后 7 天内未进行计量，从第 8 天起，承包方报告中开列的工程量即视为已被确认，作为工程价款支付的依据。工程师不按约定时间通知承包方，使承包方不能参加计量，计量结果无效。

3）工程师对承包方超出设计图纸范围和（或）因自身原因造成返工的工程量，不予计量。

（2）单价的计算方法。单价的计算方法，主要根据由发包人和承包人事先约定的工程价格的计价方法决定。一般来讲，我国工程价格的计价方法可以分为工料单价和综合单价两种方法。所谓工料单价法是指单位工程分部分项的单价为直接成本单价，按现行计价定额的人工、材料、机械的消耗量及其预算价格确定，其他直接成本、间接成本、利润、税金等按现行计算方法计算。所谓综合单价法是指单位工程分部分项工程量的单价是全部费用单价，既包括直接成本，也包括间接成本、利润、税金等一切费用。二者在选择时，既可采取可调价格的方式，即工程价格在实施期间可随价格变化而调整；也可采取固定价格的方式，即工程价格在实施期间不因价格变化而调整。在工程价格中已考虑价格风险因素并在合同中明确了固定价格所包括的内容和范围。实践中采用较多的是可调工料单价法和固定综合单价法。

1) 工程价格的计价方法。可调工料单价法和固定综合单价法在分项编号、项目名称、计量单位、工程量计算方面是一致的，都可按照国家或地区的单位工程分部分项进行划分、排列，包含了统一的工作内容，使用统一的计量单位和工程量计算规则。所不同的是，可调工料单价法将工、料、机再配上预算价作为直接成本单价，其他直接成本、间接成本、利润、税金分别计算。因为价格是可调的，其材料等费用在竣工结算时按工程造价管理机构公布的竣工调价系数或按主材计算差价或主材用抽料法计算，次要材料按系数计算差价而进行调整。固定综合单价法是包含了风险费用在内的全费用单价，故不受时间价值的影响。由于两种计价方法的不同，因此工程进度款的计算方法也不同。

2) 工程进度款的计算。当采用可调工料单价法计算工程进度款时，在确定已完工程量后，可按以下步骤计算工程进度款。

①根据已完工程量的项目名称、分项编号、单价而得出合价。

②将本月所完全部项目合价相加，得出直接费小计。

③按规定计算措施费、间接费、利润。

④按规定计算主材差价或差价系数。

⑤按规定计算税金。

⑥累计本月应收工程进度款。

4. 工程进度款的支付

国家工商行政管理总局、原建设部颁布的《建设工程施工合同（示范文本）》中对工程进度款支付作了如下详细规定。

(1) 工程款（进度款）在双方确认计量结果后 14 天内，发包方应向承包方支付工程款（进度款）。按约定时间发包方应扣回的预付款，与工程款（进度款）同期结算。

(2) 符合规定范围的合同价款的调整，工程变更调整的合同价款及其他条款中约定的追加合同价款，应与工程款（进度款）同期调整支付。

(3) 发包方超过约定的支付时间不支付工程款（进度款），承包方可向发包方发出要求付款通知，发包方收到承包方通知后仍不能按要求付款，可与承包方协商签订延期付款协议，经承包方同意后可延期支付。协议须明确延期支付时间和从发包方计量结果确认后第 15 天起计算应付款的贷款利息。

(4) 发包方不按合同约定支付工程款（进度款），双方又未达成延期付款协议，导致施工无法进行，承包方可停止施工，由发包方承担违约责任。

(5) 工程进度款支付时，要考虑工程保修金的预留，以及在施工过程中发生的安全施工方面的费用、专利技术及特殊工艺涉及的费用、文物和地下障碍物涉及的费用等。

四、工程竣工结算的支付

1. 竣工结算的概念

竣工结算是指一个单位工程或单项工程完工，经业主及工程质量监督部门验收合格，在交付使用前由施工单位根据合同价格和实际发生的增加或减少费用的变化等情况进行编制，并经业主或其委托方签认的，以表达该项工程最终造价为主要内容，作为结算工程价款依据的经济文件。

竣工结算也是建设项目建筑安装工程中的一项重要经济活动。正确、合理、及时地办理竣工结算，对于贯彻国家的方针、政策、财经制度，加强建设资金管理，合理确定、筹措和控制建设资金，高速优质完成建设任务，具有十分重要的意义。

2. 工程竣工结算的程序

工程竣工结算是指施工企业按照合同规定的内容全部完成其所承包的工程，经验收质量合格，并符合合同要求之后，向发包单位进行的最终工程价款结算。

《建设工程施工合同（示范文本）》中对竣工结算作了详细规定。

(1) 工程竣工验收报告经发包方认可后 28 天内，承包方向发包方递交竣工结算报告及完整的结算资料，双方按照协议书约定的合同价款及专用条款约定的合同价款调整内容，进行工程竣工结算。

(2) 发包方收到承包方递交的竣工结算报告及结算资料后 28 天内进行核实，给予确认或者提出修改意见。发包方确认竣工结算报告后通知经办银行向承包方支付工程竣工结算价款。承包方收到竣工结算价款后 14 天内将竣工工程交付发包方。

(3) 发包方收到竣工结算报告及结算资料后 28 天内无正当理由不支付工程竣工结算价款，从第 29 天起按承包方同期向银行贷款利率，支付拖欠工程价款的利息，并承担违约责任。

(4) 发包方收到竣工结算报告及结算资料后 28 天内不支付工程竣工结算价款，承包方可以催告发包方支付结算价款。发包方在收到竣工结算报告及结算资料后 56 天内仍不支付的，承包方可以与发包方协议将该工程折价，也可以由承包方申请人民法院将该工程依法拍卖，承包方就该工程折价或者拍卖的价款优先受偿。

(5) 工程竣工验收报告经发包方认可后 28 天内，承包方未能向发包方递交竣工结算报告及完整的结算资料，造成工程竣工结算不能正常进行或工程竣工结算价款不能及时支付，发包方要求交付工程的，承包方应当交付；发包方不要求交付工程的，承包方承担保管责任。

(6) 发包方和承包方对工程竣工结算价款发生争议时，按争议的约定处理。

在实际工作中，当年开工、当年竣工的工程，只需办理一次性结算。跨年度的工程，在年终办理一次年终结算，将未完工程结转到下一年度，此时竣工结算等于各年度结算的总和。

办理工程价款竣工结算的一般公式为：

$$\frac{竣工结算}{工程价款} = \frac{预算（或概算）}{或合同价款} + \frac{施工过程中预算或}{合同价款调整数额} - \frac{预付及已结}{算工程价款} - 保修金$$

3. 工程竣工结算的审查

竣工结算要有严格的审查，一般从以下几个方面入手。

（1）核对合同条款。首先，应核对竣工工程内容是否符合合同条件要求，工程是否竣工验收合格，只有按合同要求完成全部工程并验收合格才能竣工结算；其次，应按合同规定的结算方法、计价定额、取费标准、主材价格和优惠条款等，对工程竣工结算进行审核，若发现合同开口或有漏洞，应请建设单位与施工单位认真研究，明确结算要求。

（2）检查隐蔽验收记录。所有隐蔽工程均需进行验收，两人以上签证；实行工程监理的项目应经监理工程师签证确认。审核竣工结算时应核对隐蔽工程施工记录和验收签证，手续完整，工程量与竣工图一致方可列入结算。

（3）落实设计变更签认。设计修改、变更应有原设计单位出具设计变更通知单和修改的设计图纸、校审人员签字并加盖公章，经建设单位和监理工程师审查同意、签认；重大设计变更应经原审批部门审批，否则不应列入结算。

（4）按图核实工程数量。竣工结算的工程量应依据竣工图、设计变更单和现场签认等进行核算，并按国家统一规定的计算规则计算工程量。

（5）执行定额单价。结算单价应按合同约定或招标规定的计价定额与计价原则执行。

（6）防止各种计算误差。工程竣工结算子目多、篇幅大，往往有计算误差，应认真核算，防止因计算误差多计或少算。

五、工程款价差的调整

1. 工程款价差调整的范围

工程款价差是指建设工程所需的人工、设备、材料费等，因价格变化对工程造价产生的变化值。其调整范围包括建筑安装工程费、设备及工器具购置费和工程建设其他费用。其中，对建筑安装工程费用中的有关人工费、设备与材料预算价格、施工机械使用费和措施费及间接费的调整规定如下所述。

（1）建筑安装工程费用中的人工费调整。应按国家有关劳动工资政策、规定及定额人工费的组成内容调整。

（2）设备、材料预算价格的调整。应区别不同的供应渠道、价格形式，以有关主管部门发布的预算价格及执行时间为准进行调整，同时应扣除必要的设备、材料储备期因素。

（3）施工机械使用费调整。按规定允许调整的部分（如机械台班费中燃料动力费、人工费、车船使用税及养路费），按有关主管部门规定进行调整。

（4）措施费、间接费的调整。按照国家规定的费用项目内容的要求调整，对于因受物价、税收、收费等变化的影响而使企业费用开支增大部分，应适时在修订费用定额中予以调整。对于预算价格变动而产生的价差部分，可作为计取措施费和间接费的基数。但因市场价格或实际价格与预算价格发生的价差部分，不应计取各项费用。

2. 工程款价差调整的方法

（1）按实调整法。按实调整法是对工程实际发生的某些材料的实际价格与定额中相应材料预算价格之差进行调整的方法，其计算公式为：

$$某材料价差＝某材料实际价格－定额中该材料预算价格$$

$$材料价差调整额＝\sum（各种材料价差×相应各种材料实际用量）$$

（2）价格指数调整法。该法是依据当地工程造价管理机构或物价部门公布的当地材料价格指数或价差指数，逐一调整各种材料价格的方法。价格指数计算公式为：

$$某材料价格指数＝\frac{某材料当地当时预算价}{某材料定额中取定的预算价}$$

若用价差指数，其计算公式为：

$$某材料价差指数＝某材料价格指数－1$$

如某钢材在预算编制时当地价格为 3 300 元/t，而该钢材在预算定额中取定的预算价是 2 600 元/t，则其价格指数为：

$$某钢材价格指数＝\frac{3\ 300}{2\ 600}＝1.27$$

而

$$某钢材的价差指数＝1.27－1＝0.27$$

（3）调值公式法。根据国际惯例，对建设项目工程价款的动态结算，一般采用此法。事实上，在绝大多数国际工程项目中，甲乙双方在签订合同时就明确列出这一调值公式，并以此作为价差调整的计算依据。

建筑安装工程费用价格调值公式一般包括固定部分、材料部分和人工部分。但当建筑安装工程的规模和复杂性增大时，公式也变得更为复杂。调值公式一般为：

$$P＝P_0\left(a_0＋a_1\frac{A}{A_0}＋a_2\frac{B}{B_0}＋a_3\frac{C}{C_0}＋a_4\frac{D}{D_0}＋\cdots\right)$$

式中

P——调值后合同价款或工程实际结算款；

P_0——合同价款中工程预算进度款；

a_0——固定要素，代表合同支付中不能调整的部分占合同总价中的比重；

a_1、a_2、a_3、a_4…——代表有关各项费用（如人工费、钢材费、水泥费、运输费等）在合同总价中所占比重 $a_0＋a_1＋a_2＋a_3＋a_4＋\cdots＝1$；

A_0、B_0、C_0、D_0…——基准日期与 a_1、a_2、a_3、a_4…对应的各项费用的基期价格指数或价格；

A、B、C、D…——与特定付款证书有关的期间最后一天的 49 天前与 a_1、a_2、a_3、a_4…对应的各项费用的现行价格指数或价格。

在运用这一调值公式进行工程价款价差调整中要注意如下几点。

1）固定要素系数通常的取值范围在 0.15～0.35 左右。固定要素对调价的结果影响很大，它与调价余额成反比关系。固定要素相当微小的变化，隐含着在实际调价时很大的费用变动。所以，承包商在调值公式中采用的固定要素取值要尽可能小。

2）调值公式中有关的各项费用，按一般国际惯例，只选择用量大、价格高且具有代表性的一些典型人工费和材料费，通常是大宗的水泥、沙石料、钢材、木材、沥青等，并用它们的价格指数变化综合代表材料费的价格变化，以便尽量与实际情况接近。

3）各部分成本的比重系数，在许多招标文件中要求承包方在投标中提出，并在价格分析中予以论证。但也有的是由发包方（业主）在招标文件中即规定一个允许范围，由投标人在此范围内选定。如鲁布革水电站工程的标书即对外币支付项目各费用比重系数范围作了如下规定：外籍人员工资 0.10～0.20；水泥 0.10～0.16；钢材 0.09～0.13；设备 0.35～0.48；海上运输 0.04～0.08，固定系数 0.17。并规定允许投标人根据其施工方法在上述范围内选用具体系数。

4）调整有关各项费用要与合同条款规定相一致。如签订合同时，甲乙双方一般应商定调整的有关费用和因素，以及物价波动到何种程度才进行调整。在国际工程中，一般在合同原始价的±5％以上才进行调整。如有的合同规定，在应调整金额不超过合同原始价5％时，由承包方自己承担；在 5％～20％之间时，承包方负担 10％，发包方（业主）负担 90％；超过 20％时，则必须另行签订附加条款。

5）调整有关各项费用应注意地点与时点。地点一般指工程所在地或指定的某地市场价格；时点指的是某月某日的市场价格。这里要确定两个时点价格，即签订合同时间某个时点的市场价格（基础价格）和每次支付前的一定时间的时点价格。这两个时点就是计算调值的依据。

6）确定每个品种的系数和固定要素系数，品种的系数要根据该品种价格对总造价的影响程度而定。各品种系数之和加上固定要素系数应该等于1。

（4）调价文件计算法。这种方法是甲乙双方采取按当时的预算价格承包，在合同工期内，按照造价管理部门调价文件的规定，进行抽料补差（在同一价格期内按所完成的材料用量乘以价差）。也有的地方定期发布主要材料供应价格和管理价格，对这一时期的工程进行抽料补差。

六、工程价款的核算

1. 施工企业与发包单位工程价款的核算

施工企业与发包单位关于预收备料款、工程款和已完工程款的核算，应在"预收账款——预收备料款"、"预收账款——预收工程款"、"应收账款——应收工程款"、"工程结算收入"或"主营业务收入"（采用企业会计制度的施工企业在"主营业务收入"）等科目进行。

"预收账款——预收备料款"科目用以核算企业按照合同规定向发包单位预收的备料款（包括抵作备料款的材料价值）和备料款的扣还。科目的贷方登记预收的备料款和拨入抵作备料款的材料价值。科目的借方登记工程施工达到一定进度时，从应收工程款中扣还的预收备料款，以及退还的材料价值。科目的贷方余额反映已经向发包单位预收但尚未从应收工程款中扣还的备料款。本科目应按发包单位的户名和工程合同进行明细分类核算。

"预收账款——预收工程款"科目用以核算企业根据工程合同规定，按照工程进度向发包单位预收的工程款和预收工程款的扣还。科目的贷方登记预收的工程款，科目的借方登记与发包单位结算已完工程价款时从"应收账款——应收工程款"中扣还预收的工程款。科目的贷方余额反映已经预收但尚未从应收工程款中扣还的工程款。本科目应按发包单位的户名和工程合同进行明细分类核算。

"应收账款——应收工程款"科目用以核算企业与发包单位办理工程价款结算时，按照工程合同规定应向其收取的工程价款。科目的借方登记根据"工程价款结算账单"确定的工程价款，科目的贷方登记收到的工程款和根据合同规定扣还预收的工程款、备料款。科目的借方余额反映尚未收到的应收工程款。本科目应按发包单位的户名和工程合同进行明细分类核算。

"工程结算收入"或"主营业务收入"科目用以核算企业承包工程实现的工程结算收入，包括已完工程价款收入、合同变更收入、索赔款和奖励款。施工企业的已完工程价款收入，应于其实现时及时入账。

（1）实行竣工后一次结算工程价款的工程合同，应于合同完成、施工企业与发包单位进行工程合同价款结算时，确认为收入实现。实现的收入额为承发包双方结算的合同造价。

（2）实行月中预支、月终结算、竣工后清算的工程合同，应分期确认合同价款收入的实现。即各月份终了，与发包单位进行已完工程价款结算时，确认为承包合同已完工部分的工程收入实现。本期收入额为月终结算的已完工程价款。

（3）实行分段结算工程价款的工程合同，应按合同规定的工程形象进度，分次确认已完工部位工程收入的实现。即应于完成合同规定的工程形象进度或工程部位，与发包单位进行工程价款结算时，确认为已完工程收入的实现。本期实现的收入额，为本期已结算的分段工程价款。合同变更收入、索赔款和奖励款，应在发包单位签证结算时，确认为工程结算收入的实现。施工企业实现的各项工程结算收入，应记入科目的贷方。期末，本科目余额应转入"本年利润"科目。结转后，本科目应无余额。

2. 施工企业与分包单位结算工程价款的核算

一个工程项目如果有两个以上施工企业同时交叉作业，根据国家对建设工程管理的要求，建设单位和施工企业要实行承发包责任制和总分包协作制。在这种情况下，要求一个施工企业作为总包单位向建设单位（发包单位）总承包，对建设单位负责，再由总包单位将专业工程分包给专业性施工企业施工，分包单位对总包单位负责。

在实行总分包的情况下，如果总分包单位对主要材料、结构件的储备资金都由工程发包单位以预付备料款供应的，总包单位对分包单位要按照工程分包合同规定预付一定数额的备料款和工程款，并进行工程价款的结算。为了反映与分包单位发生的备料款和工程款的预付和结算情况，应设置"预付账款——预付分包备料款"、"预付账款——预付分包工程款"和"应付账款——应付分包工程款"三个科目。

"预付账款——预付分包备料款"科目用以核算企业按照工程分包合同规定，预付给分包单位的备料款（包括拨给抵作预付备料款的材料价值）和备料款的扣回。科目的借方登记预付给分包单位的备料款和拨给抵作备料款的材料价值。科目的贷方登记与分包单位结算已完工程价款时，根据合同规定的比例从应付分包单位工程款中扣回的预付备料款，以及分包单位退回的材料价值。科目的借方余额反映尚未从应付工程款中扣回的备料款。本科目应按分包单位的户名和分包合同进行明细分类核算。

"预付账款——预付分包工程款"科目用以核算企业按照工程分包合同规定预付给分包单位的工程款。科目的借方登记根据工程进度预付给分包单位的分包工程款。科目的贷方登记月终或工程竣工时与分包单位结算的已完工程价款和从应付分包单位工程款中扣回预付的工程款。科目的借方余额反映预付给分包单位尚未从应付工程款中扣回的工程款。本科目应按分包单位的户名和分包合同进行明细分类核算。

"应付账款——应付分包工程款"科目用以核算企业与分包单位办理工程结算时，按照合同规定应付给分包单位的工程款。科目的贷方登记根据经审核的分包单位提出的"工程价款结算账单"结算的应付已完工程价款。科目的借方登记支付给分包单位的工程款和根据合同规定扣回预付的工程款和备料款。科目的贷方余额反映尚未支付的应付分包工程款。本科目应按分包单位的户名和分包合同进行明细分类核算。

第五节　投资偏差分析

一、投资偏差的概念

在投资控制中，把投资的实际值与计划值的差异叫做投资偏差，即：

投资偏差＝已完工程实际投资－已完工程计划投资

结果为正，表示投资超支；结果为负，表示投资节约。但是，必须特别指出，进度偏差对投资偏差分析的结果有重要影响，如果不加考虑就不能正确反映投资偏差的实际情况。如某一阶段的投资超支，可能是由于进度超前导致的，也可能是由于物价上涨导致的。所以，必须引入进度偏差的概念。

进度偏差1＝已完工程实际时间－已完工程计划时间

为了与投资偏差联系起来，进度偏差也可表示为：

进度偏差2＝拟完工程计划投资－已完工程计划投资

所谓拟完工程计划投资，是指根据进度计划安排在某一确定时间内所应完成的工程内容的计划投资。即：

拟完工程计划投资＝拟完工程量（计划工程量）×计划单价

进度偏差为正值，表示工期拖延；结果为负值，表示工期提前。用上述公式来表示进度偏差，其思路是可以接受的，但表达并不十分严格。因此，在实际应用时，为了便于工期调整，还需将用投资差额表示的进度偏差转换为所需要的时间。

二、投资偏差的分析方法

偏差分析方法常用的有横道图法、表格法、曲线法和时标网络图法。

1. 横道图法

用横道图法进行投资偏差分析，是用不同的横道标识已完工程计划投资、拟完工程计划投资和已完工程实际投资，横道的长度与其金额成正比，如图 7-6 所示。

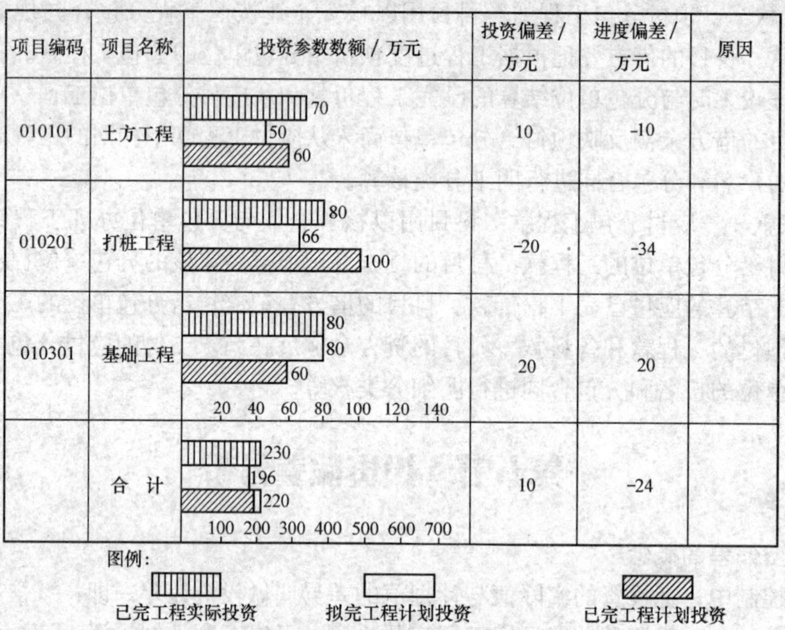

项目编码	项目名称	投资参数数额 / 万元	投资偏差 / 万元	进度偏差 / 万元	原因
010101	土方工程	70 / 50 / 60	10	-10	
010201	打桩工程	80 / 66 / 100	-20	-34	
010301	基础工程	80 / 80 / 60　　20 40 60 80 100 120 140	20	20	
	合 计	230 / 196 / 220　　100 200 300 400 500 600 700	10	-24	

图例：
▥ 已完工程实际投资　　▢ 拟完工程计划投资　　▨ 已完工程计划投资

图 7-6　投资偏差分析表（横道图法）

横道图法具有形象、直观、一目了然等优点，它能够准确表达出投资的绝对偏差，而且能一眼看到偏差的严重性。但是，这种方法反映的信息量少，一般在项目的较高管理层应用。

2. 表格法

表格法是进行偏差分析最常用的一种方法。它将项目编号、名称、各投资参数以及投资偏差数综合归纳入一张表格中，并且直接在表格中进行比较。由于各偏差参数都在表中列出，使得投资管理者能够综合地了解并处理这些数据，见表 7-4。

表 7-4　投资偏差分析表

项目编码	(1)	010101	010201	010301
项目名称	(2)	土方工程	打桩工程	基础工程
单　位	(3)			
计划单位	(4)			
拟完工程量	(5)			
拟完工程计划投资	(6) = (4) × (5)	50	66	80
已完工程量	(7)			
已完工程计划投资	(8) = (4) × (7)	60	100	60
实际单价	(9)			
其他款项	(10)			
已完工程实际投资	(11) = (7) × (9) + (10)	70	80	80
投资局部偏差	(12) = (11) − (6)	10	−20	20
投资局部偏差程度	(13) = (11) ÷ (8)	1.17	0.8	1.33
投资累计偏差	(14) = ∑ (12)			
投资累计偏差程度	(15) = ∑ (11) ÷ ∑ (8)			
进度局部偏差	(16) = (6) − (8)	−10	−34	20
进度局部偏差程度	(17) = (6) ÷ (8)	0.83	0.66	1.33
进度累计偏差	(18) = ∑ (16)			
进度累计偏差程度	(19) = ∑ (6) ÷ ∑ (8)			

用表格法进行偏差分析具有如下优点。

（1）灵活、适用性强。可根据实际需要设计表格，进行增减项。

（2）信息量大。可以反映偏差分析所需的资料，从而有利于投资控制人员及时采取针对性措施，加强控制。

3. 曲线法

曲线法是用投资累计曲线（S形曲线）来进行投资偏差分析的一种方法，如图 7-7 所示。其中 a 表示投资实际值曲线，p 表示投资计划值曲线，两条曲线之间的竖向距离表示投资偏差。

在用曲线法进行投资偏差分析时，首先要确定投资计划值曲线。投资计划值曲线是与确定的进度计划联系在一起的。同时，也应考虑实际进度的影响，应

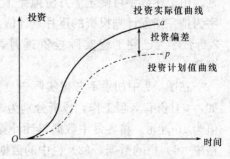

图 7-7　投资计划值与实际值曲线

当引入三条投资参数曲线，即已完工程实际投资曲线 a、已完工程计划投资曲线 b 和拟完工程计划投资曲线 p，如图 7-8 所示。图中曲线 a 与曲线 b 的竖向距离表示投资偏差，曲线 b 与曲线 p 的水平距离表示进度偏差。

图 7-8 反映的偏差为累计偏差。用曲线法进行偏差分析同样具有形象、直观的特点，但这种方法很难直接用于定量分析，只能对定量分析起一定的指导作用。

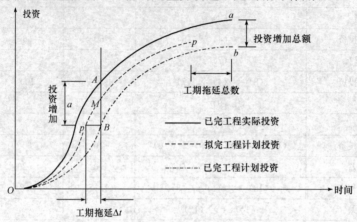

图 7-8　三条投资参数曲线

4. 时标网络图法

时标网络图是在确定施工计划网络图的基础上，将施工的实施进度与日历工期相结合而形成的网络图，它可以分为早时标网络图与迟时标网络图。图 7-9 为早时标网络图。早时标网络图中的结点位置与以该结点为起点的工序的最早开工时间相对应；图中的实线长度为工序的工作时间；虚节线表示对应施工检查日（用▼标示）施工的实际进度；图中箭线上标入的数字可以表示箭线对应工序单位时间的计划投资值。例如图 7-9 中①$\xrightarrow{5}$②，即表示该工序每月计划投资 5 万元；图 7-9 中，对应 4 月份有②$\xrightarrow{3}$③、②$\xrightarrow{4}$⑤、②$\xrightarrow{3}$④三项工作列入计划，由上述数字可确定 4 月份拟完工程计划投资为 10 万元。图 7-9 下方表格中的第 1 行数字为拟完工程计划投资的逐月累计值，例如 4 月份为 5＋5＋10＋10＝30 万元；表格中的第 2 行数字为已完工程实际投资逐月累计值，是表示工程进度实际变化所对应的实际投资值。

在图 7-9 中如果不考虑实际进度前锋线，可以得到每个月份的拟完工程计划投资。例如，4 月份有 3 项工作，投资分别为 3 万元、4 万元、3 万元，则 4 月份拟完工程计划投资值为 10 万元。将各月中数据累计计算即可产生拟完工程计划投资累计值，即图 7-9 中的表格中（1）栏的数据。（2）栏中的数据为已完工程实际投资，其数据为单独给出。在上图中如果考虑实际进度前锋线，可以得到对应月份的已完工程计划投资。

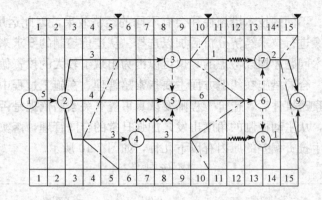

月份	1	2	3	4	5	6	7	8	9	10	11	12	13	14	15
(1)	5	10	20	30	40	50	60	70	80	90	100	106	112	115	118
(2)	5	15	25	35	45	53	61	69	77	85	94	103	112	116	120

图 7-9　某工程时标网络计划（投资数据单位：万元）

注：1. 图中每根箭线上方数值为该工作每月计划投资。
　　2. 图下方表内（1）栏数值为该工程计划投资累计值；
　　　 （2）栏数值为该工程已完工程实际投资累计值。

三、偏差原因分析

偏差分析的一个重要目的就是要找出引起偏差的原因，从而有可能采取有针对性的措施，减少或避免相同原因的再次发生。在进行偏差原因分析时，首先应当将已经导致和可能导致偏差的各种原因逐一列举出来。导致不同工程项目产生投资偏差的原因具有一定共性，因而可以通过对已建项目的投资偏差原因进行归纳、总结，为该项目采用预防措施提供依据。

（1）组织措施。组织措施指从投资控制的组织管理方面采取的措施。例如，落实投资控制的组织机构和人员，明确各级投资控制人员的任务、职能分工、权力和责任，改善投资控制工作流程等。组织措施往往被人忽视，其实它是其他措施的前提和保障，而且一般无需增加什么费用，只要运用得当，就可以收到良好的效果。

（2）经济措施。经济措施，包括审核工程量、投资目标分解、资金使用计划、工程变更等。经济措施最易为人们接受，但运用中要特别注意不可把经济措施简单理解为审核工程量及相应的支付价款。应从全局出发来考虑问题，如检查投资目标分解是否合理，资金使用计划有无保障，会不会与施工进度计划发生冲突，工程变更有无必要，是否超标等，解决这些问题往往能起到标本兼治、事半功倍的作用。另外，通过偏差分析和未完工程预测还可以发现潜在的问题，及时采取预防措施，从而取得造价控制的主动权。

（3）技术措施。不同的技术措施往往会有不同的经济效果，因此运用技术措施纠偏时，要对不同的技术方案进行技术经济分析后加以选择。从造价控制的要求来看，技术措施并不都是因为发生了技术问题才加以考虑的，也可以因为出现了较大的投资偏差而加以运用。

（4）合同措施。合同措施在纠偏方面主要指索赔管理。在施工过程中，索赔事件的发生是难免的，在发生索赔事件后，造价工程师要认真审查有关索赔依据是否符合合同规定，索赔计算是否合理等，从主动控制的角度出发，加强日常的合同管理，落实合同规定的责任。

一般来说，产生投资偏差的原因有以下几种，如图 7-10 所示。

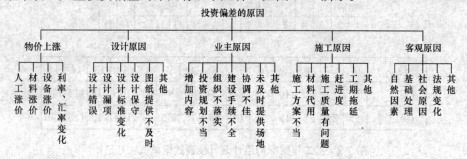

图 7-10　产生投资偏差的原因

四、纠偏

对偏差原因进行分析的目的是为了有针对性地采取纠偏措施，从而实现投资的动态控制和主动控制。

（1）纠偏对象。纠偏首先要确定纠偏的主要对象，上面介绍的偏差原因，有些是无法避免和控制的，如客观原因，充其量只能对其中少数原因做到防患于未然，力求减少该原因所产生的经济损失；对于施工原因所导致的经济损失通常是由承包商自己承担的，从投资控制的角度只能加强合同的管理，避免被承包商索赔。所以，这些偏差原因都不是纠偏的主要对象。纠偏的主要对象是业主原因和设计原因造成的投资偏差，纠偏时应综合考虑偏差类型、偏差原因，偏差原因发生的频率和影响程度。

（2）纠偏措施。在确定了纠偏的主要对象之后，就需要采取有针对性的纠偏措施。纠偏可采用组织措施、经济措施、技术措施和合同措施等。

本 章 小 结

施工阶段的工程造价控制是签订工程承包合同后的投资控制工作。施工阶段投资控制就是把计划投资额作为投资控制的目标值，在工程施工过程中定期进行投资实际值与目标值的比较，通过分析偏差，采取措施达到有效投资控制目标。在施工阶段控制造价时，首先要编制资金使用计划，然后根据资金使用计划进行工程进度款、工程竣工结算的支付；其次调整工程款价差，进行工程价款的核算；最后进行投资偏差分析，采用行之有效的纠偏措施，从而达到控制工程造价的目的。

思 考 与 练 习

1. 简述施工阶段投资控制的目标及其措施。
2. 简述资金使用计划的编制方法。
3. 简述工程计量的依据和方法。
4. 简述工程变更价款的确定要求及其时间限定。
5. 简述工程价款的主要结算方式。
6. 简述工程预付款的支付限额。
7. 建设工程项目工程结算的进度款的支付程序是什么？
8. 工程款价差调整的方法有哪些？
9. 投资偏差分析的方法有哪些？
10. 如何分析投资偏差产生的原因？

第八章　建设工程竣工决算

学习重点

1. 建设项目竣工决算的编制。
2. 新增资产价值的确定及保修费用的处理。

培养目标

了解竣工决算在工程造价控制中的作用；掌握竣工决算的编制内容及编制方法和步骤。

第一节　竣工决算概述

一、竣工决算的概念

竣工决算是建设工程经济效益的全面反映，是项目法人核定各类新增资产价值、办理其交付使用的依据。通过竣工决算，一方面能够正确反映建设工程的实际造价和投资结果；另一方面可以通过竣工决算与概算、预算的对比分析，考核投资控制的工作成效，总结经验教训，积累技术经济方面的基础资料，提高未来建设工程的投资效益。

二、竣工决算的作用

（1）竣工决算是综合、全面地反映竣工项目建设成果及财务情况的总结性文件，它采用货币指标、实物数量、建设工期和种种技术经济指标综合、全面地反映建设项目自开始建设到竣工为止的全部建设成果和财物状况。

（2）竣工决算是办理交付使用资产的依据，也是竣工验收报告的重要组成部分。建设单位与使用单位在办理交付资产的验收交接手续时，通过竣工决算反映了交付使用资产的全部价值，包括固定资产、流动资产、无形资产和递延资产的价值。同时，它还详细提供了交付使用资产的名称、规格、数量、型号和价值等明细资料，是使用单位确定各项新增资产价值并登记入账的依据。

（3）竣工决算是分析和检查设计概算的执行情况，考核投资效果的依据。竣工决算反映了竣工项目计划、实际的建设规模、建设工期以及设计和实际的生产能力，反映了概算总投资和实际的建设成本，同时也反映了所达到的主要技术经济指标。通过对这些指标计划数、概算数与实际数进行对比分析，不仅可以全面掌握建设项目计划和概算执行情况，而且可以考核建设项目投资效果，为今后制订基建计划，降低建设成本，提高投资效果提供必要的资料。

第二节　竣工决算的编制

一、竣工决算的内容

竣工决算是建设工程从筹建到竣工投产全过程中发生的所有实际费用。包括设备工器具购置费、建筑安装工程费和其他费用等。竣工决算由竣工财务决算说明书、竣工财务决算报表、竣工工程平面示意图、工程造价比较分析四部分组成。其中竣工财务决算报表和竣工财务决算说明书属于竣工财务决算的内容。竣工财务决算是竣工决算的组成部分，是正确核定新增资产价值、反映竣工项目建设成果的文件，是办理固定资产交付使用手续的依据。

1. 竣工财务决算说明书

竣工财务决算说明书主要反映竣工工程建设的成果和经验，是对竣工决算报表进行分析和补充说明的文件，是全面考核分析工程投资与造价的书面总结，其内容主要包括：

（1）建设项目概况，对工程总的评价。一般从进度、质量、安全和造价、施工方面进行分析说明。进度方面主要说明开工和竣工时间，对照合理工期和要求工期分析是提前还是延期；质量方面主要根据竣工验收委员会或相当于一级质量监督部门的验收评定等级、合格率和优良品率；安全方面主要根据劳动工资和施工部门的记录，对有无设备和人身事故进行说明；造价方面主要对照概算造价，说明是节约还是超支，用金额和百分率进行分析说明。

（2）资金来源及运用等财务分析。主要包括工程价款结算、会计账务的处理、财产物资情况及债权债务的清偿情况。

（3）基本建设收入、投资包干结余、竣工结余资金的上交分配情况。通过对基本建设投资包干情况的分析，说明投资包干数、实际支用数和节约额、投资包干节余的有机构成和包干节余的分配情况。

（4）各项经济技术指标的分析。概算执行情况分析，根据实际投资完成额与概算进行对比分析；新增生产能力的效益分析，说明支付使用财产占总投资额的比例、占支付使用财产的比例，不增加固定资产的造价占投资总额的比例，分析有机构成和成果。

（5）工程建设的经验及项目管理和财务管理工作以及竣工财务决算中有待解决的问题。

（6）需要说明的其他事项。

2. 竣工财务决算报表

建设项目竣工财务决算报表要根据大、中型建设项目和小型建设项目分别制订。大、中型建设项目竣工决算报表包括：建设项目竣工财务决算审批表，大、中型建设项目概况表，大、中型建设项目竣工财务决算表，大、中型建设项目交付使用资产总表；小型建设项目竣工财务决算报表包括：建设项目竣工财务决算审批表，竣工财务决算总表，建设项目交付使用资产明细表。

3. 竣工工程平面示意图

建设工程竣工工程平面示意图是真实地记录各种地上、地下建筑物、构筑物等情况的技术文件，是工程进行交工验收、维护改建和扩建的依据，是国家的重要技术档案。国家规定：各项新建、扩建、改建的基本建设工程，特别是基础、地下建筑、管线、结构、井巷、桥梁、隧道、港口、水坝以及设备安装等隐蔽部位，都要编制竣工图。为确保竣工图质量，必须在施工过程中（不能在竣工后）及时做好隐蔽工程检查记录，整理好设计变更文件。其具体要求有：

（1）凡按图竣工没有变动的，由施工单位（包括总包和分包施工单位，下同）在原施工图上加盖"竣工图"标志后，即作为竣工图。

（2）凡在施工过程中，虽有一般性设计变更，但能将原施工图加以修改补充作为竣工图的，可不重新绘制，由施工单位负责在原施工图（必须是新蓝图）上注明修改的部分，并附以设计变更通知单和施工说明，加盖"竣工图"标志后，作为竣工图。

（3）凡结构形式改变、施工工艺改变、平面布置改变、项目改变以及有其他重大改变，不宜再在原施工图上修改、补充时，应重新绘制改变后的竣工图。由原设计原因造成的，由设计单位负责重新绘制；由施工原因造成的，由施工单位负责重新绘图；由其他原因造成的，由建设单位自行绘制或委托设计单位绘制。施工单位负责在新图上加盖"竣工图"标志，并附以有关记录和说明，作为竣工图。

（4）为满足竣工验收和竣工决算需要，还应绘制反映竣工工程全部内容的工程设计平面示意图。

4. 工程造价比较分析

施工决算是综合反映竣工项目的建设成果和财务情况的总结性文件。同时在竣工决算报告中必须对控制工程造价所采取的措施、效果及其动态的变化进行认真对比，总结经验教训。批准的概算是考核建设工程造价的依据。在分析时，可先对比整个项目的总概算，然后将建筑安装工程费、设备工器具费和其他工程费用逐一与竣工决算表中所提供的实际数据和相关资料及批准的概算、预算指标、实际的工程造价进行对比分析，以确定竣工项目总造价是节约还是超支，并在对比的基础上，总结先进经验，找出节约和超支的内容和原因，提出改进措施。在实际工作中，应主要分析以下内容：

（1）主要实物工程量。对于实物工程量出入比较大的情况，必须查明原因。

（2）主要材料消耗量。考核主要材料消耗量，要按照竣工决算表中所列明的三大材料实际超概算的消耗量，查明是在工程的哪个环节超出量最大，再进一步查明超耗的原因。

（3）考核建设单位管理费、建筑及安装工程措施费和间接费的取费标准。建设单位管理费、建筑及安装工程措施费和间接费的取费标准要按照国家和各地的有关规定，根据竣工决算报表中所列的建设单位管理费与概预算所列的建设单位管理费数额进行比较，依据规定查明是否多列或少列的费用项目，确定其节约或超支的数额，并查明原因。

二、竣工决算的编制方法与步骤

按照《财政部关于印发〈基本建设财务管理规定的通知〉》的要求，竣工决算的编制方法与步骤如下：

（1）收集、整理、分析原始资料。从建设工程开始就按编制依据的要求，收集、清点、整理有关资料，主要包括建设工程档案资料，如设计文件、施工记录、上级批文、概（预）算文件、工程结算的归集整理，财务处理、财产物资的盘点核实及债权债务的清偿，做到账账、账证、账实、账表相符。对各种设备、材料、工器具等要逐项盘点核实并填列清单，妥善保管，或按照国家有关规定处理，不准任意侵占和挪用。

（2）对照、核实工程变动情况，重新核实各单位工程、单项工程造价。将竣工资料与原设计图纸进行查对、核实，必要时可实地测量，确认实际变更情况；根据经审定的施工单位竣工结算等原始资料，按照有关规定对原概（预）算进行增减调整，重新核定工程造价。

（3）将审定后的待摊投资、设备工器具投资、建筑安装工程投资、工程建设其他投资严格划分和核定后，分别计入相应的建设成本栏目内。

（4）编制竣工财务决算说明书，力求内容全面、简明扼要、文字流畅、说明问题。

（5）填报竣工财务决算报表。

（6）做好工程造价对比分析。

（7）清理、装订好竣工图。

（8）按国家规定上报、审批、存档。

三、新增资产价值的确定

1. 新增资产价值的分类

建设项目竣工投入运营后，所花费的总投资形成相应的资产。按照新的财务制度和企业会计准则，新增资产按资产性质可分为固定资产、流动资产、无形资产和其他资产等四大类。

2. 新增资产价值的确定方法

（1）新增固定资产价值的确定。新增固定资产价值又称交付使用的固定资产，是建设项目竣工投产后所增加的固定资产的价值，它是以价值形态表示的固定资产投资最终成果的综合性指标，新增固定资产价值的计算是以独立发挥生产能力的单项工程为对象的。单项工程建成经有关部门验收鉴定合格，正式移交生产或使用，即应计算新增固定资产价值。一次交付生产或使用的工程，一次计算新增固定资产价值，分期分批交付生产或使用的工程，应分期分批计算新增固定资产价值。在计算时应注意以下几种情况：

1）对于为了提高产品质量、改善劳动条件、节约材料消耗、保护环境而建设的附属辅助工程，只要全部建成，正式验收交付使用后就要计入新增固定资产价值。

2）对于单项工程中不构成生产系统，但能独立发挥效益的非生产性项目，如住宅、食堂、医务所、托儿所、生活服务网点等，在建成并交付使用后，也要计入新增固定资产价值。

3）凡购置达到固定资产标准不需安装的设备、工器具，应在交付使用后计入新增固定资产价值。

4）属于新增固定资产价值的其他投资，应随同受益工程交付使用的同时一并计入。

5）交付使用财产的成本，应按下列内容计算：

①房屋、建筑物、管道、线路等固定资产的成本包括：建筑工程成果和应分摊的待摊投资。

②动力设备和生产设备等固定资产的成本包括：需要安装设备的采购成本，安装工程成本，设备基础支柱等建筑工程成本或砌筑锅炉及各种特殊炉的建筑工程成本，应分摊的待摊投资。

③运输设备及其他不需要安装的设备、工器具、家具等固定资产一般仅计算采购成本，不计分摊的"待摊投资"。

6）共同费用的分摊方法。新增固定资产的其他费用，如果是属于整个建设项目或两个以上单项工程的，在计算新增固定资产价值时，应在各单项工程中按比例分摊。一般情况下，建设单位管理费按建筑工程、安装工程、需安装设备价值总额作比例分摊，而土地征用费、勘察设计费等费用则按建筑工程造价分摊。

【例】某工业建设项目及其化工车间的建筑工程费、安装工程费，需安装设备费以及应摊入费用如表 8-1 所示，计算化工车间新增固定资产价值。

表 8-1　分摊费用计算表　　　　　　　　　　　　　　　　　　　　万元

项目名称	建筑工程	安装工程	需安装设备	建设单位管理费	土地征用费	勘察设计费
建设单位竣工决算	4 000	800	1 000	90	100	80
化工车间竣工决算	900	350	580			

【解】计算如下：

$$应分摊的建设单位管理费 = \frac{900+350+580}{4\,000+800+1\,000} \times 90 = 28.40 \text{ 万元}$$

$$应分摊的土地征用费 = \frac{900}{4\,000} \times 100 = 22.5 \text{ 万元}$$

$$应分摊的勘察设计费 = \frac{900}{4\,000} \times 80 = 18 \text{ 万元}$$

$$化工车间新增固定资产价值 = (900+350+580) + (28.40+22.5+18)$$
$$= 1\,830 + 68.9 = 1\,898.9 \text{ 万元}$$

（2）新增流动资产价值的确定。流动资产是指可以在一年内或者超过一年的一个营业周期内变现或者运用的资产，包括现金及各种存款以及其他货币资金、短期投资、存货、应收及预付款项以及其他流动资产等。

1）货币性资金。货币性资金是指现金、各种银行存款及其他货币资金，其中现金是指企业的库存现金，包括企业内部各部门用于周转使用的备用金；各种银行存款是指企业的各种不同类型的银行存款；其他货币资金是指除现金和银行存款以外的其他货币资金，根据实际入账价值核定。

2）应收及预付款项。应收账款是指企业因销售商品、提供劳务等应向购货单位或受益单位收取的款项；预付款项是指企业按照购货合同预付给供货单位的购货定金或部分货款。应收及预付款项包括应收票据、应收款项、其他应收款、预付货款和待摊费用。一般情况下，应收及预付款项按企业销售商品、产品或提供劳务时的实际成效金额入账核算。

3）短期投资包括股票、债券和基金。股票和债券根据是否可以上市流通分别采用市场法和收益法确定其价值。

4）存货。存货是指企业的库存材料、在产品、产成品等。各种存货应当按照取得时的实际成本计价。存货的形成，主要有外购和自制两个途径。外购的存货，按照买价加运输费、装卸费、保险费、途中合理损耗、入库前加工、整理及挑选费用以及缴纳的税金等计价；自制的存货，按照制造过程中的各项实际支出计价。

（3）新增无形资产价值的确定。无形资产是指企业长期持有但没有实物形态的资产。根据我国 2001 年颁布的《资产评估准则——无形资产》规定，我国作为评估对象的无形资产通常包括专利权、非专利技术、生产许可证、特许经营权、租赁权、土地使用权、矿产资源勘探权和采矿权、商标权、版权、计算机软件及商誉等。

1）无形资产的计价原则。

①投资者按无形资产作为资本金或者合作条件投入时，按评估确认或合同协议约定的金额计价。

②购入的无形资产，按照实际支付的价款计价。

③企业自创并依法申请取得的，按开发过程中的实际支出计价。

④企业接受捐赠的无形资产，按照发票账单所载金额或者同类无形资产市场价作价。

⑤无形资产计价入账后，应在其有效使用期内分期摊销，即企业为无形资产支出的费用应在无形资产的有效期内得到及时补偿。

2）无形资产的计价方法。

①专利权的计价。专利权分为自创和外购两类。自创专利权的价值为开发过程中的实际支出，主要包括专利的研制成本和交易成本。研制成本包括直接成本和间接成本，直接成本是指研制过程中直接投入发生的费用（主要包括材料费、工资费、专用设备费、资料费、咨询鉴定费、协作费、培训费和差旅费等）；间接成本是指与研制开发有关的费用（主要包括管理费、非专用设备折旧费、应分摊的公共费及能源费）。交易成本是指在交易过程中的费用支出（主要包括技术服务费、交易过程中的差旅费及管理费、手续费、税金）。由于专利

权是具有独占性并能带来超额利润的生产要素，因此，专利权转让价格不按照成本估价，而是按照其所能带来的超额收益计价。

②非专利技术的计价。非专利技术具有使用价值和价值，使用价值是非专利技术本身应具有的，非专利技术的价值在于非专利技术的使用所能产生的超额获利能力，应在研究分析其直接和间接的获利能力的基础上，准确计算出其价值。如果非专利技术是自创的，一般不作为无形资产入账，自创过程中发生的费用，按当期费用处理。对于外购非专利技术，应由法定评估机构确认后再进行估价，其方法往往通过能产生的收益采用收益法进行估价。

③商标权的计价。如果商标权是自创的，一般不作为无形资产入账，而将商标设计、制作、注册、广告宣传等发生的费用直接作为销售费用计入当期损益。只有当企业购入或转让商标时，才需要对商标权计价。商标权的计价一般根据许可方新增的收益确定。

④土地使用权的计价。根据取得土地使用权的方式不同，土地使用权可有以下几种计价方式：当建设单位向土地管理部门申请土地使用权并为之支付一笔出让金时，土地使用权作为无形资产核算；如建设单位获得土地使用权是通过行政划拨的，这时土地使用权就不能作为无形资产核算；在将土地使用权有偿转让、出租、抵押、作价入股和投资，按规定补交土地出让价款时，才作为无形资产核算。

第三节　保修费用的确定

一、保修费用的含义

保修是指施工单位按照国家或行业现行的有关技术标准，设计文件以及合同中对质量的要求，对已竣工验收的建设工程在规定的保修期限间，进行维修返工的工作。保修费用应按合同和有关规定合理确定和控制。保修费用一般可参照建筑安装工程造价的确定程序和方法计算，也可以按照建筑安装工程或承包工程合同价的一定比例计算（目前取 5%）。

二、保修的范围和最低保修期限

1. 保修的范围

在正常使用条件下，建筑工程的保修范围应包括地基基础工程、主体结构工程、屋面防水工程和其他土建工程，以及电气管线、上下水管线的安装工程、供热、供冷系统工程等项目。一般包括以下问题：

（1）屋面、地下室、外墙阳台、卫生间、厨房等处的渗水、漏水问题。

（2）各种通水管道（如自来水、热水、污水、雨水等）的漏水问题，各种气体管道的漏气问题，通气孔和烟道的堵塞问题。

（3）水泥地面有较大面积空鼓、裂缝或起砂问题。

（4）内墙抹灰有较大面积起泡、脱落或墙面浆活起碱脱皮问题，外墙粉刷自动脱落问题。

（5）暖气管线安装不妥，出现局部不热、管线接口处漏水等问题。

（6）影响工程使用的地基基础、主体结构等存在质量问题。

（7）其他由于施工不良而造成的无法使用或不能正常发挥使用功能的工程部位。

由于用户使用不当而造成建筑功能不良或损坏者，不属于保修范围。

2. 保修的期限

保修的期限应当按照保证建筑物合理寿命内正常使用，维护使用者合法权益的原则确定。具体的保修范围和最低保修期限由国务院规定。按照国务院《建设工程质量管理条例》第 40 条规定：

（1）基础设施工程、房屋建筑的地基基础工程和主体结构工程，为设计文件规定的该工程的合理使用年限。

（2）屋面防水工程、有防水要求的卫生间、房间和外墙面的防渗漏为 5 年。

（3）供热与供冷系统为 2 个采暖期和供热期。

（4）电气管线、给排水管道、设备安装和装修工程为 2 年。

（5）其他项目的保修期限由承发包双方在合同中规定。建设工程的保修期，自竣工验收合格之日算起。

三、保修费用的处理

根据《中华人民共和国建筑法》的规定，在保修费用的处理问题上，必须根据修理项目的性质、内容以及检查修理等多种因素的实际情况，区别保修责任的承担问题，对于保修的经济责任的确定，应当由有关责任方承担，由发包人和承包人共同商定经济处理办法。

1. 勘察、设计原因造成的保修费用处理

勘察、设计原因造成的质量缺陷的，由勘察、设计单位负责并承担经济责任，由施工单位负责维修或处理。根据《中华人民共和国合同法》规定，勘察、设计人应当继续完成勘察、设计，减收或免收勘察、设计费并赔偿损失。

2. 施工原因造成的保修费用处理

施工单位未按国家有关规范、标准和设计要求施工，造成质量缺陷的，由施工单位负责无偿返修并承担经济责任。

3. 设备、材料、构配件不合格造成的保修费用处理

因设备、建筑材料、构配件质量不合格引起的质量缺陷，属于施工单位采购的或经其验收同意的，由施工单位承担经济责任；属于建设单位采购的，由建设单位承担经济责任。至于施工单位、建设单位与设备、材料、构配件单位或部门之间的经济责任，应按其设备、材料、构配件的采购供应合同处理。

4. 用户使用原因造成的保修费用处理

因用户使用不当造成的质量缺陷，由用户自行负责。

5. 不可抗力原因造成的保修费用处理

因地震、洪水、台风等不可抗力造成的质量问题，施工单位和设计单位都不承担经济责任，由建设单位负责处理。

本 章 小 结

竣工决算是建设工程经济效益的全面反映，也是考核投资控制、积累技术经济资料、总结分析建设过程的经验教训，提高工程造价管理水平的重要手段。竣工决算由竣工财务决算报表、竣工财务决算说明书、竣工工程平面示意图、工程造价比较分析四部分组成。其中竣工财务决算报表和竣工财务决算说明书属于竣工决算的内容。总之，做好竣工决算对于项目法人核定各类新增资产价值，办理固定资产交付使用手续起到了积极的作用。

思 考 与 练 习

1. 简述竣工决算的含义。

2. 工程竣工决算的内容有哪些？

3. 简述竣工决算的编制步骤。

4. 新增资产价值的确定方法有哪些？

5. 保修费用处理的方式有哪几种？

参 考 文 献

[1] 中国建设监理协会. 建设工程投资控制 [M]. 北京：知识产权出版社，2003.

[2] 尹贻林，等. 工程造价计价与控制 [M]. 北京：中国计划出版社，2003.

[3] 袁建新. 工程造价管理 [M]. 北京：高等教育出版社，2004.

[4] 刘钟莹，徐红. 建筑工程造价与投标报价 [M]. 江苏：东南大学出版社，2002.

[5] 黄宗壁. 建设项目投资控制 [M]. 北京：中国水利水电出版社，1995.

[6] 张道军，李文毅. 工程项目投资管理 [M]. 北京：水利电力出版社，1993.

[7] 国家计划委员会，建设部. 建设项目经济评价方法与参数 [M]. 北京：中国计划出版社，1994.

[8] 徐大图，等. 工程建设投资控制. 北京：中国建筑工业出版社，1997.

[9] 尹贻林. 全国工程师执业资格考试培训教材—工程造价计价与控制 [M]. 北京：中国计划出版社，2003.

[10] 全国造价工程师执业资格考试培训教材编写委员会. 工程造价的确定与控制 [M]. 北京：中国计划出版社，2003.

[11] 肖桃李. 建筑工程定额预算与工程量清单计价对照 [M]. 中国建筑工业出版社，2000.

[12] 工程量清单计价造价员培训教程—建筑工程 [M]. 北京：中国建筑工业出版社，2004.

[13] 国家开发银行办公厅. 政策性投融资文件汇编 [M]. 北京：中国经济出版社，2003.

[14] 杜训. 建设监理工程师实用手册 [M]. 南京：东南大学出版社，2004.

[15] 成虎，钱昆润. 建筑工程合同管理与索赔 [M]. 南京：东南大学出版社，2003.